YE YONGLIE KEPU DIANCANG

叶永烈科普典藏

尹传红 主编

空气的一家

叶永烈◎著

长江出版传媒 | 湖北教育出版社

图书在版编目（CIP）数据

空气的一家 / 叶永烈著 ; 尹传红主编. -- 武汉 :
湖北教育出版社, 2023.4
（叶永烈科普典藏）
ISBN 978-7-5564-4793-0

Ⅰ. ①空… Ⅱ. ①叶… ②尹… Ⅲ. ①空气－青少年
读物 Ⅳ. ①P42-49

中国国家版本馆CIP数据核字(2023)第018895号

空气的一家 KONGQI DE YIJIA

出品人	方 平		
责任编辑	许 梅	责任校对	李庆华
封面设计	牛 红	责任督印	刘牧原

出版发行	长江出版传媒	430070 武汉市雄楚大道 268 号
	湖北教育出版社	430070 武汉市雄楚大道 268 号
经 销	新 华 书 店	
网 址	http://www.hbedup.com	
印 刷	武汉中远印务有限公司	
地 址	武汉市黄陂区横店街货场路粮库院内	
开 本	710mm×1000mm 1/16	
印 张	9	
字 数	120 千字	
版 次	2023 年 4 月第 1 版	
印 次	2023 年 4 月第 1 次印刷	
书 号	ISBN 978-7-5564-4793-0	
定 价	28.00 元	

总　序

在中国的科普、科幻界，叶永烈先生（1940—2020）曾经是一个风格独特、广受瞩目的“主力队员”；在当今的纪实文学领域，他又是一位成就卓著、声名显赫的重量级作家。他才华横溢、兴趣广泛、勤奋高产，一生创作出版了300余部作品，累计3500多万字。

在科普创作方面，叶永烈有着特别引人瞩目的一个身份和成就：他是新中国几代青少年的科学启蒙读物、中国原创科普图书的著名品牌《十万个为什么》第一版最年轻且写得最多的作者，还是从第一版写到第六版《十万个为什么》的唯一作者。

我们这一两代人几乎都存有一段温馨的记忆：在20世纪70年代末80年代初，改革开放伊始，当“科学的春天”到来之时，“叶永烈”这个名字伴随着他创作的诸多题材不同、脍炙人口的科普文章频频出现在全国报刊上，一本接一本的科普图书纷纷亮相于新华书店，而越来越为人们所熟知。他成了中国科普界继高士其之后的一颗耀眼的明星。差不多与此同时，叶永烈的科幻处女作《小灵通漫游未来》一面世即风行全国，成了超级畅销书，各种版本的总印数达到了

300 万册之巨，创造了中国科幻小说的一个纪录。

叶永烈给我本人留下的最深切的记忆是 1979 年春，那年我 11 岁，第一次读到《小灵通漫游未来》，心潮澎湃，对未来充满期待。那一时期，每个月当中的某几天，在父亲下班回到家时，我总要急切地问一句："《少年科学》来了没有?"盼着的就是能够尽早一睹杂志上连载的叶永烈科幻小说。

那时我还常常从许多报刊上读到叶永烈脍炙人口的科学小品，从中汲取了大量的科学营养。随后，我又爱上了自美国引进的阿西莫夫著作。品读他们撰写的优秀科普、科幻作品，我真切感受到了读书、求知的快慰，思考、钻研问题的乐趣，同时也爱上了科学，爱上了写作。那段心有所寄、热切期盼读到他们作品的美好时光，令我终生难忘。

作为科普大家的叶永烈，自 11 岁起在报纸上发表小诗，在大学时代就开始了科普创作，其科普创作生涯一直延续到中年，即从 20 世纪 50 年代末至 80 年代初。

几十年间，叶永烈创作的为数众多的科学小品、科学杂文、科学童话、科学相声、科学诗、科学寓言等，几乎涉足了科普创作所有的品种，并且成就斐然。他的作品，曾经入选各种版本语文教材的，就达 30 多篇。

值得一提的是，叶永烈首先提出并创立了科学杂文、科学童话、科学寓言三种科学文艺体裁，并在 1979 年出版了中国第一部较有系统的、讲述科学文艺创作理论的书——《论科学文艺》；在 1980 年出版了中国第一本科学杂文集《为科学而献身》；在 1982 年出版了中国

第一本科学童话集《蹦蹦跳先生》；在 1983 年出版了中国第一本科学寓言集《侦探与小偷》。他提出的这三种科学文艺体裁在科普界很快就有了响应，尤其是科学寓言，已经成为寓言创作中得到公认的新品种。

在科普创作方面，叶永烈受苏联著名科普作家伊林的影响很深。伊林有句名言："没有枯燥的科学，只有乏味的叙述。"叶永烈也打过一个形象的比方：科普作家的作用就是一个变电站，把从发电厂发出来的高压电，转化成千千万万家庭都能用上的 220 伏的低压电。他认为学习自然科学是对人的逻辑思维的严格训练，而文学讲究形象思维；文、理是相辅相成并且渐进融合的，现代人都应该对文、理有所了解。

叶永烈与伊林一样，都惯于用形象化的故事来阐明艰涩的理论，能够简单明白地讲述复杂现象和深奥事物。在他们的笔下，文学与科学相融，是那般美妙。阅读他们的作品，犹如春风拂面，倍觉清爽；又好像有汩汩甘露，于不知不觉中流入了心田。他们打破了文艺书和通俗科学中间的明显界限，因此他们写成的东西，都是有文学价值的通俗科学书。

叶永烈曾经这样评述自己的创作人生："我不属于那种因一部作品一炮而红的作家，这样的作家如同一堆干草，火势很猛，四座皆惊，但是很快就熄灭了。我属于'煤球炉'式的作家，点火之后火力慢慢上来，持续很长很长的时间。我从 11 岁点起文学之火，一直持续燃烧到 60 年后的今天。"

叶永烈把作品看成凝固了的时间、凝固了的生命。他说他的一生

“将凝固在那密密麻麻的方块汉字长蛇阵之中”，又道：“生命不止，创作不已。”2015 年 10 月，正当叶永烈全身心投入 1400 多万字的《叶永烈科普全集》的校对工作时，他偷闲饱含深情地写下了一段感言，通过电子邮件发送给我。在我看来，这恰是他对自己辉煌创作生涯的一个非常精彩的总结：

韶光易逝，青春不再。有人选择了在战火纷飞中冲锋陷阵，有人选择了在商海波涛中叱咤风云，有人选择了在官场台阶上拾级而上，有人选择了在银幕荧屏上绽放光芒。平平淡淡总是真，我选择了在书房默默耕耘。我近乎孤独地终日坐在冷板凳上，把人生的思考，铸成一篇篇文章。没有豪言壮语，未曾惊世骇俗，真水无香，而文章千古长在。

今天，我们推出“叶永烈科普典藏”系列，一方面是表达对这位杰出的科普大家的追思、缅怀和致敬，一方面也意在为科普创作留存一些有益的借鉴；同时也期望借此为广大读者朋友，尤其是青少年学生的科学阅读，提供一份丰盛而有益的精神食粮。

是为序。

尹传红

（中国科普作家协会副理事长，《科普时报》原总编辑）

目录

CONTENTS

1 空气

2 氧气

5 惰性气体

6 灰尘

7 制服空气污染

1 空气

空气是什么

空气究竟是什么东西呢?

在古代，人们这样回答这个问题:“空气就是空气!”因为那时的人们认为，空气是一种化学元素，它再也不能分解为别的东西。古希腊的著名学者亚里士多德在《论生产和毁灭》一书中，便认为自然界是由四种最基本的元素——火、气、水、土所组成的，他把空气列为四元素之一。古希腊的阿那克西米尼，甚至认为整个宇宙都是由空气组成的。

空气的秘密，在1771年才被瑞典的年轻化学家舍勒揭开。当时，舍勒在瑞典乌萨拉城的一个药房里当药剂师。舍勒很喜欢化学，在配药之余，经常进行各种化学试验。那时候，他正在热心地研究磷的燃烧现象。他自己制成了好多白磷（又叫黄磷）。这种像蜡一样的东西，平时只能浸没在水中保存起来。一旦从水里出来，遇上空气，白磷就会自己燃烧起来，这叫作“自燃”。为什么白磷在水中不会燃烧，而一旦露在空气中就会燃烧呢?显然，空气会帮助燃烧。

后来，舍勒把白磷扔进一个空瓶里，盖紧瓶盖。这时，白磷在瓶中也能自燃，不过，烧了一会儿，它就灭了。他再往瓶里投进一块白磷，这块白磷在瓶中不再燃烧。舍勒重复试验了好几次，结果都是一样的。

舍勒想，空气很可能不是由一种东西组成的。空气中有一种能够帮助燃烧的气体。当这种气体用完之后，白磷就不会再燃烧了，瓶中剩下的都是不会燃烧的气体。

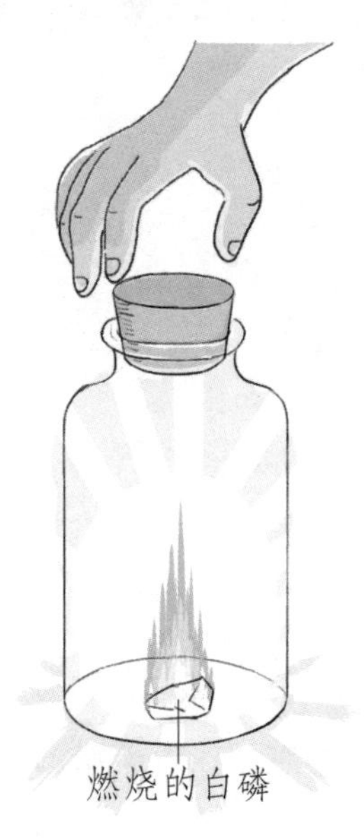
燃烧的白磷

舍勒接着又发现一个奇怪的现象，当他把燃烧过白磷的瓶子倒放在水中，拔出瓶塞，水马上就进入瓶内。但是，水到了瓶子容积1/5的地方，就不再“前进”了。舍勒反复试验多次，水每次都只占瓶内空间的1/5。

舍勒还发现，当白磷烧过以后，再把小老鼠放入瓶内，老鼠就会窒息而死。

这样，舍勒开始发现空气是由两部分不同的气体所组成的：有一部分占总体积的1/5，它能够帮助燃烧和呼吸，舍勒称它为“火焰空气”；另一部分占总体积的4/5，它不能够帮助燃烧和呼吸，舍勒称它为“无用的空气”。

这“火焰空气”，后来人们称它为氧气；而“无用的空气”，被称作氮气。

19世纪末，经过进一步研究，发现空气中除了氧气和氮气之外，还含有氦、氖、氩、氪、氙、氡等惰性气体（在空气中，氡的含量按体积计算占比极低，所以一般在谈空气的组成

燃烧后的白磷

时，都把它略掉）以及极少量的氢气（主要来自火山爆发时喷出的气体。另外，一些有机物分解产生微量的氢气，植物也能放出少量氢气）。此外，空气中还含有二氧化碳、水和灰尘等，不过，这些东西在空气中的含量随地而易，属于可变成分。

进一步的分析测定表明，在离地面 80 千米以内的大气层中，空气中固定成分的比例几乎是不变的：

气体	空气的组成体积占比（%）	空气的组成重量占比（%）
氮	78.09	75.51
氧	20.95	23.15
氩	0.93	1.28
氢	0.00005	0.000003
氖	0.0018	0.00125
氦	0.00052	0.000072
氪	0.0001	0.00029
氙	0.000008	0.000036

由此可见，空气并不是一种元素，也不是一种化合物，而是一种混合物。

当然，上面的数据，仅是针对离地面 80 千米以内的大气层中的空气而言。严格点讲，在这 80 千米的大气层中，空气的组成也还是略有变化的。人们用探空气球中的自动取样器，从不同高度的空气中取来空气样本分析测量，结果证明随着高度的增加，氧气含量略有波动：

离地面高度（千米）	氧气的体积百分比（%）
14.5	20.89
18	20.95

离地面高度（千米）	氧气的体积百分比（%）
18.5	20.84
19	20.87
22	20.945
22.2	20.57
24	20.74
28—29	20.39

在100千米以上的高空，空气中的氧气由于部分转变为臭氧，含量大大减少；氦气和氖气随着高度的增加，含量有所增加。科学家曾把火箭射到高空来取得高空空气的样品，分析结果表明，在64—72千米的地方，氦气对氮气的比值比地面差不多增加1倍，氖气增加2.3%。至于二氧化碳，则相反，随着高度的增加，含量逐渐减少。不过，氮的含量，差不多保持不变。正因为这样，在研究氦气、氖气的含量变化时，以氮气的含量作为基准。

除了上面所提到的那些成分，人们在空气中还发现有极其微量的下述气体：甲烷——来自天然气和植物发酵，硫化氢和二氧化硫——来自火山爆发和矿泉喷出的气体，二氧化氮和臭氧——来自雷雨和太阳紫外线激发。

1929—1937年，人们发现，空气中，特别是云里，含有钠。自然，这并不是金属钠，而是钠的化合物——氯化钠。据测定，在1平方厘米的地面上空的大气层中，大约含有10^{10}个钠原子，重3×10^{-13}克。这些钠大都是在海水蒸发时被带上去的。

另外，人们在极光的光谱分析中还发现，在距离地面几千千米的高空，也就是大气层的边缘部分，含有极少量的钙、钾、钛、铁以及氰和甲基。据测定，在10立方厘米的空间中，大约含有一个钙原子或钾原子。这些金属原子，据估计，很可能是陨石坠落时带来的。

空气有重量

空气，轻飘飘的，很多人常常以为它没有重量。其实它和其他东西一样，也具有一定的重量，在0℃时，海平面上1立方米的空气重约1.3千克（精确点说，应是1.293千克）。这就是说，一个10平方米房间里的空气，有几十千克重，而一个大剧场或大会堂里的空气，可以重达几吨到几十吨。据测定，在大气层中，离地面越远，空气越稀薄，单位体积的空气重量随高度上升而不断减少：在12千米的高空，1立方米的空气只重0.319千克；在40千米的高空，1立方米的空气仅重0.004千克。大气层中的对流层——离地面10—12千米——空气的总重量，占整个大气层总重量的80%。

由于地球是像橘子一样的椭圆球体，赤道和两极离地心的距离不一样，赤道的地心引力较小，而两极的地心引力较大——地心引力和距离的平方成反比，因此，即使同是地面附近的空气，体积一样，那么在赤道附近要比在两极地区轻。

大气的压力

空气既然具有一定的重量，那么，在大气层中的物体，就都会受到一定的大气压力。

最早测定大气压力的，是17世纪意大利科学家托里拆利。那时，托里拆利做了这样一个实验：把一根长1米、横截面积为1平方厘米、一端封闭的玻璃管（称托里拆利管），灌满水银，然后，把它倒过来，插在水银槽里。

照理，如果大气没有压力，这水银应该全部流到水银槽里去。然而，托里拆利的实验却表明：少部分水银是流到水银槽里去了，而大部分的水银仍留在管子里。托里拆利量了一下这水银柱的液面和水银槽液面之间的距离，大约是760毫米。托里拆利接着又把玻璃管用水银灌满，重新又做了几次实验，两液面之间高度差仍然在760毫米左右。水银为什么没有全部流到水银槽里呢？托里拆利认为，这是由于大气具有一定的压力，把水银“顶”住了，也就是说，外边的大气压力，等于保持在管子里的水银柱的重量。

如果你有兴趣，也可以做一个简单的实验，来证明大气的确具有压力：拿一个马口铁罐，放在火上加热，然后盖紧盖子，浸到冷水中去。这时，好端端的一个马口铁罐，会立即瘪下去，变得不成样子。

出现上述现象，是因为在受热时，罐内空气体积膨胀，部分逸出罐外，密度变小，但罐内空气压力仍与罐外相等；遇冷时，罐内空气体积收缩，压力小于外边的大气压力，罐子便被“挤”扁了。

大气的确具有压力。然而，这压力，在不同的地方，大小并不完全一样。

托里拆利发表论文，讲述了自己的实验以后不久，法国数学家、物理学家帕斯卡，请他的一个亲戚帮忙，做了这样一个有趣的实验。那时，他的亲戚正住在一个靠山的城市里，这山大约高 1000 米。帕斯卡请他仿照托里拆利的方法，制作了一根水银柱，在山的不同高度处进行测量。结果表明，水银柱的高度在山脚下要比在山顶高，也就是说，山脚的大气压力比山顶大。

事实证明，世界各地的大气压力是不一样的，它不仅取决于高度，还与温度、纬度有关。为了能有一个度量大气压力的统一标准，科学家规定气压单位为：当温度为 0℃时，在纬度为 45°的海面上，那里的大气压力等于 760 毫米汞柱①。这样的大气压力，称为一个大气压。

所谓压力，是指单位面积上所受到的垂直于面的分力的大小。一个大气压究竟有多少压力呢？它等于在 1 平方厘米的面积上，受到 760 毫米高、截面积为 1 平方厘米的水银柱的重量（水银比重为 13.6）——约 1.01 千克重的垂直分力。

有了一个标准，便可以把不同高度的大气压力的大小进行比较了。据测定，平均大气压和高度（高度指离海平面的距离）的关系如下：

高度（千米）	0	1	2	3	4	5	5.5	20	50	100
压力（毫米汞柱）	760	671	593	524	463	405	380	41.0	0.41	0.007

在工程技术上为了计算方便，规定了另一种压力单位——工程大气压。一个工程大气压，等于 1 平方厘米的面积上受到 1 千克的垂直分力。在工厂里，气压表所指示的读数，大都是工程大气压。不过，工程大气压和物理

① 1 毫米汞柱等于 0.133 千帕，受创作时代影响，本书原作者多采用毫米汞柱为压强单位。——编辑注

学上规定的物理大气压所差不大，在粗略的计算中，可以把两者相等看待。至于在气象上，人们又规定了另一个压力单位——毫巴。当你收听天气预报广播时，可以听到“毫巴”这个词。1毫巴等于0.76毫米汞柱（100帕）的压力。

既然人经常生活在一个大气压的贴近地面的大气中，而一个大气压等于1平方厘米的面积上受到1.0336千克的垂直分力，那么，我们可以做这样的一个计算：一个中等身材的人，身体表面面积大约等于15000平方厘米；不难算出，他全身大约承受了15000千克的压力，也就是大约15吨的力。

然而，为什么我们在平常却感觉不到身体受着什么压力呢？原来，人的身体不仅仅是从外面受到这样大的压力，同时从里面也受到这样大的压力，所以人的身体能够适应这样大的空气压力。正如你用手指从一面戳纸，一下子便能把纸戳个洞；而如果从两边戳，两个手指相顶，用力一样，就不容易把纸戳破了。

如果外边的大气压一下子减少了一大半，那么，人体内的空气就会膨胀，以致使皮肤和血管破裂，人就会感到晕眩，甚至失去知觉。在高山上，人们常常容易鼻子出血，便是这个缘故。也正因为这样，飞入高空的飞机机舱，都是密闭的。自然，飞机的舱门，必须采用坚固的材料制造才行。

空气的温度

太阳普照大地，给了地球光和热量。照理，越是高的地方，离太阳越近，应该越热，然而，奇怪的是，越是高山，实际倒反而越冷。喜马拉雅山总是白雪皑皑，我国和世界的其他许多高山也总戴着一顶白色的雪

“帽子”。

这是为什么呢？原来，高山山顶虽然比山脚离太阳近一些，然而，这和地球同太阳之间的距离相比，实在是太微不足道了。地球与太阳的距离平均约为 1.496 亿千米，而被誉为“世界屋脊”的喜马拉雅山的最高峰——珠穆朗玛峰，海拔才 8848.86 米，这怎么能相比呢？

高山上比较冷，是由于另一个原因：高山上空气稀薄，水分少，灰尘也少，太阳光能够强烈地照射到高山上，但是也很容易被反射掉，高山实际所吸收的热量并不多，因此比较冷。然而，在平原地区，空气稠密，水分多，灰尘也多，它们虽然能部分地阻碍着太阳的热量辐射到地面上来，但是，它们更像一层棉被似的盖在平原上空，强有力地阻止热量散失，由此平原气温反而比较高。

根据测量，每升高 100 米，温度大约就要下降 0.6℃。

然而，是不是离地面越远，温度就越低呢？不，上面的这个规律，仅仅适用于地面以上 10—12 千米（赤道上空为 15—18 千米，两极上空为 8—9 千米）的对流层。在超过这个界线，直到 35 千米高的大气中，温度却基本保持不变。在离地面 35 千米以上、65 千米以下的地方，温度又升高。在离地面 65 千米以上的地方，温度又稍有下降。在离地面 90—120 千米的地方，温度又逐渐上升；到了 120 千米的地方，空气的温度甚至可达 340℃！在离地面 120 千米以上的地方，温度又逐渐下降。在太空中，温度低到 −160℃以下。

那么，在离地面 35—65 千米和 90—120 千米的大气层中，温度为什么两度上升呢？这两次上升，是由于两种不同的原因所引起的。

在离地面 35—65 千米的大气层中，温度上升，那是由于空气中的氧气在受到太阳光中的紫外线照射后，变成了臭氧。在这层空气中，大约含有 2%（按体积计算）的臭氧。

臭氧能够吸收太阳的热能，因此，这一层的温度升高。另外，臭氧还能强烈吸收太阳光中的紫外线。

如果没有这一层臭氧，太阳强烈的紫外线将会自由地射到地球表面，地面上的许多生物，都将被紫外线杀死。

至于大气温度的第二次上升，则是由空气中气体分子电离而造成的。原来，在90—120千米的大气层中，首先受到太阳光的强烈照射（在120千米以上，空气已非常稀薄了），空气中的气体分子被激发，失去了核外电子，离解成带正电的微粒——离子。离解时，吸收了大量的太阳光能。然而，空气中的这些离子是不稳定的，一到了夜间，见不到阳光，这些离子又和电子（或负离子）复合为中性分子，这时，又放出了热量。这些放出的热量，等于加热了空气，使这一层空气一直保持相当高的温度。①

空气中的水

空气中含有大量的水，因为地球表面的71%被水覆盖着，每天，太阳把成千上万吨的水，加热成水蒸气，水就来到空气中。

据统计，大气中经常含有100亿吨水蒸气状态的水！平均起来，每1万平方米地面上空的空气中，就含有200吨水！

空气中的水汽虽然不少，但是，它在空气中的含量随地而异，变化非常大：在海面上，水汽在空气中的含量可达5%（按体积计算）；而在干旱的沙漠地带，水在空气中的含量连0.1%都不到。

空气中的水汽，可以变成云、雾、雨、雹、霜、霰。

一定量的空气，并不能无限制地容纳水汽，当空气中的水汽多到某种程度，便不能再多，如果再增加，水汽便要凝结成水析出（当然，有时也

① 前文所述大气层温度变化趋势为作者当年的总结，一些数据与我们最新认识不同。两次升温现象及原因分析可供读者思考。——编辑注

会因为过饱和而暂时不析出)。这时的水汽压，叫作“饱和水汽压”。

空气中水蒸气的饱和量，和温度很有关系，温度越高，饱和量越大。据测定，在30℃、1个大气压下，1立方米的空气能够容纳30克水蒸气；在-30℃、1个大气压时，1立方米空气只能容纳1克水蒸气。这样，当把饱和水蒸气的温度降低时，空气中的水蒸气便会逐渐凝结出来。

在大自然中，地面附近的空气的温度比较高，所含有的水汽也比较多。热空气的密度小，很自然，它要上升到高空，而高空（指对流层而言）的温度比较低，一到了那里，空气中多余的水蒸气便以灰尘为中心，凝结成极小的水珠。水蒸气是无色透明的，而大量的小水珠飘浮在空气中，看上去却是白色的——这就是天上的云。

当然，云中并不一定都是小水珠，当温度低于0℃时，小水珠便会凝结成小冰晶。

小水珠非常小，一般直径不超过0.01毫米。正因为小水珠很小，非常轻，在高空受到从地面不断上升的热空气的托举，云便不会从天上掉下来。我们看到的一小朵白云，实际上所含的小水珠的数目，是一个庞大惊人的天文数字。云朵，就是飘浮在蓝天之中的“水库”。

什么时候云朵才会从天上掉下来——下雨呢?

只有当云朵里的水珠变得相当大、相当重的时候，才会从天上掉下来——这就是下雨。

据测定，“毛毛雨”雨滴的直径在0.05毫米至0.25毫米之间。雨滴直径大于0.33毫米，则直线下落。至于“瓢泼大雨”，雨滴的直径有时竟达3毫米以至5毫米，真可谓是“豆大的雨滴”了。

下雨，是一件很平常的事情。可是，雨是怎么下起来的呢? 关于这个问题，人们研究了很长一段时间。

最初，有人以为雨点是由许多小水珠互相碰撞、合并才形成的。然而，按照这个理论计算，云里的小水珠起码要经过一昼夜以上的时间，才能慢慢地合并成雨点。可是，有的雨来得很快，从开始有云到大雨倾盆而下，才不到1小时，这又该怎样解释呢?

在1933年，又有人提出了关于下雨的另一种理论：云朵向上伸展到一定的高度，由于那里温度很低，云顶的温度降低到0℃以下，于是云顶部分不光有小水珠，而且出现了许多小冰晶。在同样的条件下，水珠比冰晶容易蒸发。这样，小水珠上所放出的水蒸气，便在小冰晶上凝结。水珠不断变“瘦”，冰晶不断变“胖”。冰晶越来越“胖”，长大成雪花。

许多雪花再相互粘在一起，就变成雪片。雪片很重，终于从云中掉了下来。如果云下的气温低于0℃，那么下的就是一场鹅毛大雪；如果云下的气温高于0℃，雪片在半路上融化成雨滴，落下来便是一场倾盆大雨。

然而，这种理论很难解释暖云下雨的机理。所谓暖云，就是整块云的温度都在0℃以上。在暖云中，不存在小冰晶，但也能很快地下起雨来。

我国气象工作者经过认真研究，提出了“暖云降水起伏”的新理论。这种新理论认为：在温度高于0℃的暖云中，气流起伏变化很剧烈。起伏着的气流，会迅速使小水滴相互合并，从小变大，形成了雨。气流起伏越显著，小水滴大小分布越不均匀，小水滴的浓度越大，形成雨的速度越快。为了弄清楚气流对水滴大小的影响，我国气象工作者用飞机到云中取了不少“云样”，用显微镜仔细观察，还在实验室内做了不少下雨的模拟试验。现在，“暖云降水起伏”理论已引起普遍重视，并在实践中不断得到印证。

除了天上的云朵，地面附近的水汽在夜间受冷，以灰尘为中心凝成小水珠，那便是雾。而如果凝结在较湿的物体表面，如砖、瓦、树叶、草等表面，那便是露水。

关于空气中的水的学问是很多的。气象学便是专门研究这方面规律的科学。

空气和声音

有这样一个有趣的事实：在离地面800千米以上的高空，那里的空气非常稀薄，即使在你耳旁边放炮，你也听不到炮声。

空气，是传播声音的媒介。当你用鼓槌敲打鼓面时，鼓面便急剧地振动。鼓面的振动，又使周围的空气也随之振动，形成了一疏一密、疏密相间的声波。这声波在空气中传播，传入你的耳朵时，引起你的耳朵的鼓膜随之振动，于是，你就听到了鼓声。

据测定，声音在0℃的空气中的传播速度为332米/秒。温度每升高1℃，声速便大约增加0.6米/秒。

声音在空气中的传播速度，虽然和汽车、轮船、火车的速度相比，已是够快的了，但和光速相比，那可就差远了。光速为30万千米/秒，差不多是声音速度的90万倍！正因为这样，在打雷下雨时，总是先看见闪电，然后才听见雷声。根据看见闪电和听到雷声之间的时间差，便可以推算出闪电的云离我们有多远。

不仅如此，大多数子弹的速度也比声速快。在战场上，当我们听见子弹的呼啸声时，子弹其实早已飞过去了。

声音在空气中不仅能传播，而且也能像光一样被反射。这就是回声。

回声，一般只有在山谷、大会堂才能听到。在房间里讲话，很少能听清楚回声，这是因为被墙壁反射的声音回来得太快了，和原先的声音重合，使人分辨不出来。只有当回声和原声之间的时间间隔大于1/15秒的时候，人的耳朵才能分辨出来。在常温下，声速为每秒340米。不难算出，在

1/15 秒中，声音走了 340 米/秒×1/15 秒≈22.67 米。由于回声是一来一回，因此，要听清楚回声，障碍物和人的距离至少应是 23 米÷2=11.5 米。

美国作家马克·吐温曾经这样说过："如果你喊出一句话，回声可以对你泛述 15 分钟之久。"这话，并不夸大。英国牛津便有一个山谷，如果你在那里放了一枪，枪声可以来回重复 20 多次。

北京的天坛，还有一个著名的"回音壁"。回音壁是一个圆形的围墙，高约 6 米，半径 32.5 米，建于 16 世纪的明朝。围墙的中心，有一块石头叫"三音石"。你站在三音石处鼓一下掌，就可以听到从回音壁上反射回来的三声回声"啪、啪、啪"。如果你鼓掌鼓得响一点，还可以听见五六响回声。更有趣的是，如果两个人在回音壁旁低声耳语，在几米之外就听不见了，可是，由于声音沿着回音壁传播，从一点反射到另一点，结果在相隔 45 米处的回音壁上，却能清楚听见那两个人的低声耳语。回音壁的设计和建造十分巧妙，说明我国古代劳动人民在很早以前就有着十分丰富的声学知识。

空气和光

声音和空气之间的关系，是如此复杂。而光和空气之间的关系，也是非常复杂的。

如果你把一个电铃放在一个玻璃罩中，抽走了玻璃罩里的空气，那么，即使接通电源，也不会听见铃声。光却不一样，它并不需要空气来做媒介才能传播。地球和太阳之间的太空，是没有空气的真空地带，然而，太阳照样能照耀着地球，给地球以光明和温暖。

但是，当光穿过大气层时并不是通行无阻的。它会遇上许许多多"拦路虎"——灰尘和小水珠，而发生散射。

晴朗的天空，总是蔚蓝色的。天空为什么是蓝色的呢？直到人们发现了散射定律以后，才找到了这个“为什么”的正确答案。

光学上的散射定律是这样说的：“当光线射到任何质点上，只要质点的直径比光波波长还要小，就会发生散射，散射率和波长的四次方成反比。”例如，有两处光的波长比为1∶3，那么，它们的散射率之比便是3^4∶1^4=81∶1（注意：是和波长的四次方成反比）。

太阳光，看上去是白色的，实际上，它是由红、橙、黄、绿、蓝、靛、紫7种可见光和红外线、紫外线等看不见的光线混合组成的。在这7种可见光中，红光、橙光的波长最长，紫光、靛光的波长最短。根据散射定律，应该是红光、橙光的散射率最小，紫光、靛光的散射率最大。假设红光的散射率为1，通过散射公式的计算，可以得到下列结果：

光色	波长（埃）	散射率
红	7000	1.0
橙	6200	1.6
黄	5700	2.3
绿	5200	3.3
蓝	4700	4.9
靛	4400	6.4
紫	4100	8.5

很显然，太阳光在穿过大气层时，一遇到空气中的灰尘、小水珠，便会发生散射。这时红色光散射最小，其次是橙、黄、绿、蓝、靛，而紫光的散射最为厉害。这些散射光射入人们的眼睛，便使人看到了天空的颜色。

照这样说来，天空应该是紫色的。然而，实际上晴朗的天空是蔚蓝色的，这又是为什么呢？这是因为在七色光中，紫光最弱，而且，当它穿过大气层时，在高空，特别是在电离层，大量被吸收。这样，靛蓝色光便成了散射最厉害的光。我们在地面上看到的天空，也就成蔚蓝色的了。

乘坐探空气球到过高空的人们证明：在高空，所看到的天空的确是紫色的。如果乘宇宙飞船遨游太空，由于太空中的灰尘极少，光很少发生散射，可以看到天空变得漆黑一团。

在阴雨天，天空中到处弥漫着直径比光波长大得多的水珠，这时，光的散射现象便不显著，而主要是反射，因此，人们看到的只是白色水珠的反射光，天空也就成白色的了。云雾密布时，大气的透明度大大降低，这时的天空会变成一片灰蒙蒙的灰黑色，太阳光大部分被云雾挡了。

也许你常常有这样的经验：雨后的天空，格外蓝，以至呈靛蓝色。这便是由于雨后的大气中，小水珠大大减少，大气的透明度增加，而下雨时又把空气中颗粒较大的灰尘冲洗掉了，只剩下又细又小的灰尘，散射本领大，因此天空一片湛蓝，显得格外清爽壮观。

空气中的离子

电离层，是大气中的离子——带电的分子或原子的“仓库”。这些离子，不仅对无线电短波的反射起着重要的作用，而且对于人们的生活，也有着十分重大的作用。

在介绍大气中这些离子的作用之前，首先应该纠正一种错误的概念。在一些书刊里，常常可以看到“空气分子”和“空气离子”这样的名词。

严格地讲，“空气分子”和“空气离子”这样的提法，都是错误的。因为空气是一个混合物，而不是一个化合物。只有“氧分子”“氧离子”“氮分子”“氮离子”，而不能称“空气分子”“空气离子”。

大气中的离子，大部分是由于受到太阳光中紫外线的照射，中性的气体分子离解为带正电的阳离子和带负电的阴离子（或自由电子）而形成的。电离层位于大气层的最高层，首先受到太阳中紫外线的强烈照射，因此，那里空气中的离子最多。对极光进行光谱分析的结果显示，电离层中有大量的氧离子、氮离子以及少量的氢离子。

另外，在闪电时、在受到宇宙射线照射时，空气中的部分气体分子也会转变为离子。

人们在夜间用强大的红外线探照灯照射夜空，对反射回来的红外线进行红外光谱分析，结果发现，离地面 20—25 千米的臭氧层中，存在着一定量的氢氧离子。据估计，这些氢氧离子，很可能是水汽受到臭氧的作用时，被激发离解而成的。

不过，地面附近的低层空气中，离子并不多。这些离子大都是从空气中的“离子仓库”——电离层那里扩散而来的。由于电离层离地面很远，天空中空气的对流只局限于对流层，电离层中离子向下扩散并不多。另外，离子又很活泼，不稳定，阴离子和阳离子很易复合，重新变成中性的分子，所以，低层空气中的离子数目不多。

在城市等人烟密集的地方，水汽多，灰尘多，空气流动频繁，会增加空气中离子互相碰撞的机会，因而也减短了离子的“寿命”。据测定：在大城市，人们居住的房间里，每立方厘米空气中，只有 40—50 个阴离子；在城市街道上，每立方厘米的空气中有 100—200 个阴离子；而在旷野上，每立方厘米的空气中，则有 750—1000 个阴离子。

在瀑布附近，由于水从高处急速流下，和空气中气体分子碰撞，也能使部分气体分子离解。

据测定，在瀑布附近，每立方厘米的空气中，大约含有 2 万个阴离子。火山爆发时喷出的气体里，离子就更多了，每立方厘米有 10 万—20 万个阴离子或阳离子。

人们还发现，空气中阴离子的含量，常常和空气中二氧化碳、灰尘的含量成反比；而阳离子则相反，成正比。据测定，在一个教室里，第一节课前阳离子比阴离子的含量大 74 倍，第二节课后大 219 倍，第三节课后大 354 倍，第五节课后大 456 倍!

空气中的离子，和人们的生活有着密切的关系。空气中含有一定浓度的阴离子，能使人精神好，思想集中。而当阳离子的含量增多时，却会使人精神不振，思想涣散，工作效率降低，甚至头痛、失眠。

对于空气中阴、阳离子引起的生理效应的原理，现在还研究得很不够。据推测，这是由于在呼吸时，空气中的离子进入肺泡，通过肺泡里的神经末梢，刺激中枢神经。至于阴、阳离子为什么会引起相反的生理效应，目前还没有完全弄清楚。

要想人工地制造空气中的离子并不困难。只要在两个电极间加上很高的电压，产生电火花，便能激发空气中的分子，使它们电离为离子。现在已经制造出一种“吊灯”，从这种“吊灯”里出来的空气，每立方厘米含有 1 亿个离子！这种“吊灯”，已经应用在医疗上。人们已经开始用“吊灯”制造饱含阴离子的空气，来辅助治疗高血压、肺结核、神经性皮炎、流行性感冒等疾病。

空气中的离子对动物也有明显的生理作用：在饱含阴离子的空气中，母鸡的生蛋能力增加，奶牛的产奶量也增加，家兔的体重比平常增加得更快。

此外，空气中的阴离子同样能加快植物的生长，提高庄稼的产量和质量。

空气中的离子，已经成了医学、畜牧业和农业上的新助手。

无线电短波是电磁波，它会被电离层反射。现在，当你拧开收音机的电钮时，能够听到几千千米以外的无线电广播，那便是因为无线电波在遇见电离层时不能穿透过去，而是大部分被反射到地球上来，然后又由地球反射回去……这么多次反射，便使无线电波传遍全世界。

当大气层中的这块“天花板”坏了的时候，那可就糟了——听不见无线电广播。1956 年 2 月 23 日，全国各地突然都听不见中央人民广播电台的短波播音，前后经过 36 分钟，才恢复正常。在同一时间里，正在格陵兰海进行演习的英国潜艇部队和英国海军部队之间的无线电联系也中断了。

这是怎么回事呢？原来，在这一段时间里，太阳表面的黑子突然增多。据估计，这次太阳黑子爆发，威力相当于 100 万颗氢弹爆炸！太阳黑子爆发时，黑子向周围的空间抛射出大量的原子和电子。这些原子和电子以每小时 300 万—600 万千米的速度向四周射出。它们射到地球的电离层上，扰乱了电离层，使电离层反射无线电波的能力受到破坏。这样，“天花板”被捣碎了，无线电台发出的无线电波也就没法反射回地球上来了。

真　空

空气是无孔不入、无缝不钻的。地球上差不多所有的空间，都被空气占据着。

然而，在许多地方，人们却不需要空气。例如，在电灯泡中，一旦有了空气（主要是氧气），钨丝的寿命便会大大减短，因为一通电，炽热的钨丝很容易和氧气化合，变成三氧化二钨。在电子管里，更不能有空气，因为空气（主要是氧气）会使电子管的灯丝很快烧掉，而且也会大大影响电子管的性能，使电参量改变，栅流增大，噪音增大。在这些地方，就必须把空气赶跑，用物理学的语言来说，那就是要获得“真空”。

不过，到目前为止，还没有办法获得真正的“真空”——在那里，一个气体分子都没有。据计算，平常在靠近地面的 1 立方厘米的空气中，大约有

27×10^{18} 个气体分子。而在百万分之一大气压的真空中，每立方厘米仍有30万亿个气体分子，“真空”也并不是“真正空无一物”。

按照物理学上的定义，真空就是低于一个大气压的气体状态。人们常常用气压的大小（单位：毫米汞柱），来表示真空度的大小。

按照气压的不同，可分为低真空、中等真空、高真空和超高真空。气体压力小于一个大气压、大于 10^{-2} 毫米汞柱，叫低真空；在 10^{-2}—10^{-4} 毫米汞柱，叫中等真空；在 10^{-4}—10^{-8} 毫米汞柱，叫高真空；在 10^{-8} 毫米汞柱以下，叫超高真空（简称“超真空”）。①

最早研究真空的是德国马德堡市的格里克。在17世纪40年代，格里克取两个厚壁的空心铜半球，在两个半球的衔接处垫以涂了油脂的皮革，然后抽气。结果，在球两边各用16匹马，才把两个半球拉开！格里克的实验，

① 我们现在一般称压强大于 10^{-1} 帕的低压空间为“低真空”，10^{-1}—10^{-6} 帕为“高真空”，小于 10^{-6} 帕为“超高真空”。——编辑注

揭示了什么是真空。格里克的半球，被称为“马德堡半球”。

格里克所用的抽气机比较简陋，只是利用活塞机械地抽气，实际上只能抽到低真空。1873年，白炽灯泡发明后，由于灯泡内要抽成真空（如果有氧气，灯丝会很快烧掉），真空技术开始在工业上发挥重要的作用，受到普遍重视，新颖的、抽气能力强的抽气泵接连出现。1905年，出现了旋转水银抽气泵；1907年，出现了油封旋转抽气泵；1913年，出现了分子抽气泵：1915年，出现了扩散抽气泵。这些抽气泵的发明，使人类迈进了高真空的世界。

现在，科学家又发明了具有强大抽气能力的离子抽气泵，可以获得10^{-12}毫米汞柱的超真空。

不过，在抽气时光是用抽气泵抽气还是不够的，因为玻璃、金属等容器壁，有一个古怪的性质——能够吸附气体！例如，把玻璃灯泡抽至10^{-4}毫米汞柱时，残留在玻璃壁表面的气体分子比灯泡中残留的气体分子还多500倍！这时，要想获得高真空、超真空，就必须把容器加热，例如把玻璃加热到400℃，这样，才能使气体解吸，挣脱容器壁的羁绊。

为了获得高真空、超高真空，人们还常用金属钡、钠、镁、钛、锆、钍等吸气剂配合“作战”。这些金属，能够强烈地和空气作用，吸附气体，帮助“消灭”残留的气体。其中用得最多的是钡。在电子管的玻璃管壁，常常可以看见一层银光闪闪的金属，那大都是钡。

真空技术现在得到了广泛的应用。和真空技术关系最密切的是电子管工业。一般电子管真空度如下：

收讯电子管	10^{-5}—10^{-6} 毫米汞柱
高压电子管（强功率管、X射线管等）	10^{-7} 毫米汞柱
电子束管	10^{-7} 毫米汞柱
阴极射线管	10^{-6} 毫米汞柱

这些都属于高真空的范围。因为只有在真空度相当高时，才能使电子从阴极顺利地“飞向”阳极，而不致遇上许多“拦路虎”——气体分子，保证电子管正常地工作。

在冶金工业上，真空技术也得到了许多应用。真空炼钢、炼铝，可以防止金属氧化。现在，已经制造出能在 10^{-2}—10^{-3} 毫米汞柱的真空中一次熔炼 1 吨钢的真空炉。

真空，还能大大降低许多物质的沸点。我们常常听说：“在高山上煮不出熟饭。”这是因为只有当液体的蒸气压等于液体表面的压力时，液体才会沸腾。水在一个大气压下，沸点为 100℃。在高山上，大气压力比地面小，自然，水的沸点也就降低了。据计算，在海拔 5000 米的山上，大气压只有 405 毫米汞柱（一个标准大气压等于 760 毫米汞柱），这时水的沸点只有 83℃。在世界的最高峰——珠穆朗玛峰上，水的沸点只有 72℃。在 17.5 毫米汞柱的低真空中，水的沸点仅为 20℃！因此，在食品工业中，常常把牛奶、果酱、酵母等受热后容易变质的食物放在真空下保存。有机化学工业中，人们在真空下，使一些高沸点、受热后又易分解的有机化合物在低温下沸腾，经蒸发冷凝后提纯。在冶金工业中，也常使锌、铝、铬、镁等金属在真空中加热蒸发，得到纯金属。例如，真空蒸馏所得的金属铝，所含的杂质铁含量少于十万分之一，比电解所得的金属铝还纯。

真空技术还成了许多尖端科学必不可缺的助手。原子能工业上所用的回旋加速器，需要在大容积的空间中获得尽可能高的真空，需要用抽气速度高达每秒数万升的扩散抽气泵来抽气。各种质谱仪，同样需要高真空装置。光谱学上新的提高分析灵敏度的方法——真空蒸发法，也是以真空技术为基础的。

人类还只是刚刚向真空世界进军。要想获得 10^{-11} 毫米汞柱的超高真空，现在已是非常困难的了，然而，在这样的超高真空中，每立方厘米的空间里仍有 30 万个气体分子！

在太空中，每立方千米只有一个气体分子！真空技术，大有发展的余地。

高压奇境

真空和高压是两个相反的极端。人们在向超真空进军的时候，也大踏步地向着超高压进军。

人们对于超高压世界，还是十分生疏的。在1885年，人们发现，氨的合成必须在“非常大的压力”下进行。这“非常大的压力”其实只不过是10个大气压而已！1900年，人们已经有办法获得3000个大气压。1935年，达到8万个大气压。1940年，达到10万个大气压。到目前，人们已经能够用50万个大气压的压力进行小规模的生产；而在实验室里，人们已经获得500万个大气压的超高压。

超高压世界，是一个奇妙的世界。当压力逐渐增大时，物体的分子之间的距离便逐渐缩小，彼此靠得更近。在一定的温度下，气体可以被压成液体，液体可以被压成固体，一种固体可以被压成另一种固体。

在10000个大气压下，空气会被压成液体（温度要低于临界温度），而且其中所含的各种气体，如氮气、氧气及惰性气体等，会像水和油分离似的分成好几层。因此，可以利用超高压很好地分离它们。

如果把汽车上用的润滑油加压到100000个大气压，它的体积就比原先小了一半，甚至变成了石蜡般的固体。

石墨是很软的，铅笔芯便是用石墨做的。如果在60000个大气压下，石墨就变得和金刚石一样坚硬。现在，在100000个大气压和3000℃的高压高温下，用石墨来制造人造金刚石（石墨和金刚石的成分都是碳）。这种人造金刚石比天然金刚石还硬，它能在天然金刚石的表面划出凹痕来！

在12000个大气压下，黄磷变成黑磷。黑磷具有类似于金属的性能，能够导电传热。在受到40000个大气压时，纸会变得透明！且当去掉压力以后，纸仍然保持透明。

高压，成了人们改造世界、征服大自然的有力助手。

在工业上，经常需要利用高压。在1200个大气压下，无色的乙烯气体会立即聚合变成乳白色的聚乙烯塑料。现在，不少绝缘材料和日用品是用聚乙烯塑料制造的。在4000—5000个大气压下，氢气和氮气不用催化剂也能变成氨。

在30000个大气压下，水中的细菌会被消灭。生水加压到30000个大气压，几秒钟后，不必煮沸便可以喝。把牛奶用高压处理，可以使牛奶在密封器皿中贮藏半年以上而不变酸。这样，在食品工业中，可以利用高压来给食物消毒。用高压处理的优点是迅速、简单，而且能保持食物原有的色、香、味。

在科学研究上，随着对高温研究的不断深入，人们发现了物质的“第四态”——不同于气态、液态、固态的“等离子态”。随着高压技术的发展，又发现了物质的“第五态”——“超固态”。在140万个大气压或者更高的压力下，原子的“外壳”——核外电子受压，被“挤破”了，原子间的距离大为缩短，物质的密度急剧增加，成为超固态物质。超固态物质密度非常大。1立方米的水为1吨重；世界上密度最大的元素——锇，1立方米重22.6吨；而1立方米的超固态物质，可以重达3600万吨，有的甚至可以重达130万亿吨！

据推测，在太阳中心，压力达1000亿个大气压，那里的物质都处于超固态。其他恒星内部的物质，也都处于超固态。地球的地心压力达350万个大气压，那里同样存在着超固态物质，只不过地心压力不如其他恒星内部压力大，超固态物质的密度也就不如其他恒星那里的那么大罢了。

液态空气

水蒸气遇冷会凝结成水。如果温度冷到 0℃以下，水会进一步凝结成冰。

空气在常温下是气体。那么，当空气遇冷时，会不会同样变为液体，甚至凝为固体呢？

在 19 世纪初，许多科学工作者认为，空气是“真正气体”“永久气体”，它永远只能是气体！

1877 年 12 月，人们用不同的方法制得了液态氧。

把氧气变成液体，大约需要－183℃的低温。这在当时是很了不起的成就。那时人们还没有得到过这样低的温度。

在各种气体中，氧气算是比较容易液化的一种，而氮气、氢气、氦气比较难于液化。后来，人们完成了氮气的液化工作。同时，还制得了液态空气。

1885 年，人们制得了液态氢。1908 年 7 月，最难液化的气体——氦也终于被液化了。

这样，人们终于用事实驳倒了空气是“真正气体”“永久气体”的错误观点。接着，在更低的温度下，制成了固态的氧、氮、氢、氦等。至今，已经获得了离绝对零度（－273.16℃为绝对零度）百万分之二度的超低温。在工厂里，现在已普遍大量生产液态空气。

究竟用什么办法来获得低温呢？

你有这样的经验吧？拿个打气筒往自行车的车胎里打气，没有一会儿，打气筒的橡皮管就发热了。原来当气体被压缩时，就要放出热量来。你打气，就是压缩空气。相反，如果你把气体从轮胎里放出来，气体就会膨胀变冷。据测定，压力每减少 1 个大气压，温度便下降 0.25℃。

在工厂和实验室里，就是利用这个道理来制造液态空气的。压缩机的活塞，在汽缸里来来往往，把空气压缩到200个大气压以上，然后，在另一头使它穿过多孔塞急速膨胀，这时温度急剧下降到－196℃以下，于是，空气就变成液态空气了。

空气主要是由氮气组成的混合物，液态氮是无色透明的，而液态氧是蓝色的，因为氮要比氧易挥发，随着氮的逸去，液态空气的颜色也从淡蓝色变为蓝色。在一个大气压下，自由蒸发的液态空气的温度为－190℃。一升液态空气重1.13千克。

最初制得的液态空气是浅蓝色的混浊液体，这是因为空气中含有一些二氧化碳和水，在低温下，二氧化碳变成了沙子般的白色固体——干冰，而水更是早就凝成了冰，这些东西悬浮在液态空气里，使它变浊。只要用滤纸滤掉干冰和冰，就会使液态空气变得清亮透明多了。

在液态空气的低温下，许多物质的性质都急剧地改变着。鲜花在液态空气中浸过后，变得像玻璃一样脆，一摇动便叮当叮当响。用液态空气浸过的苹果、呢帽、橡胶套鞋，也变得非常脆，用锤子可以把它们敲得粉碎。猪肉用液态空气浸后，变成了黄色，在黑暗中会发光。鸡蛋在液态空气中会发出浅蓝色的荧光，蜡烛在液态空气中能发出浅绿色的荧光。撒上硫化粉末并用液态空气浸过的棉花，会发出很强烈的浅绿色荧光……

水银在常温下是闪耀着银光的液体，温度计里便装着它。如果把水银温度计插进液态空气测量温度，水银立刻冻成硬邦邦的固体。把外头的玻璃打破，里面的水银可以像钉子一样钉到木头里去！铅平常是很柔软的，而在－100℃以下，却变得富有弹性，像钢丝弹簧一样。一个用铅做的铃铛，在常温下摇起来像个闷葫芦，但是用液态空气浸过后，它居然能发出银铃般清脆的响声！锡恰恰相反，一把锡壶，在低温下会碎成煤灰似的粉末，从白锡变成灰锡。唯一例外的金属是铜，它在低温下仍保持良好的韧性和机械强度，因此，现在通常用铜制的设备来制造和储存液态空气。

人们还发现，液态空气具有磁性！一块用液态空气浸透的木炭，能够被磁铁所吸引！据研究，液态氮并不具有磁性，而液态氧具有强烈的磁性，液态空气的磁性主要来自液态氧。

据细菌学家们研究，许多嗜冷性细菌，如伤寒菌，在液态空气中并不会死亡，而是处于蛰伏状态。不仅如此，把金鱼用镊子从水里夹出来，等它表面稍微干些以后，就把它头朝下插到液态空气里，金鱼立即冻得硬邦邦的。但是，经过10—15秒钟后，再放回常温水，金鱼竟复活了。生物学家们在争论着：在液态空气中，金鱼是会真的死了呢，还是假死？在液态空气中，金鱼能不能放得再久一些，然后再使它复活？如果可能，这将是延长生命的一个途径。

液态空气由于沸点很低，因此，平常少量的液态空气总是装在像热水瓶那样夹层的镀银玻璃瓶——杜瓦瓶里，至于大量的液态空气，则是保存在铜制的夹层容器里，夹层中垫着活性炭等多孔物质，用来绝热。不过，即使这样，液态空气还是不断地挥发，因此，容器上部一般都装有一个自动阀门，当空气压力大于一定数值时，阀门便会自动打开放走一部分空气，以减少压力，否则，液态空气不断挥发，会把整个容器炸得粉碎，那简直成了一个定时炸弹。

利用空气中各种成分的沸点不同，把液态空气逐步蒸发，可以分别得到纯净的氧气、氮气以及各种惰性气体。在－268.9℃时，氦气首先蒸发出来；在－252.5℃，蒸发出来的是氢气；在－245.9℃，跑出来的是氖气；－195.8℃，氮气；－185.6℃，氩气；－183℃，氧气；－152.9℃，氪气；－108.1℃，氙气；－76.2℃，二氧化碳；－61.8℃，氡气。关于这些气体，在后面的几章里，将会详细谈到。

顺便提一下，在常温下，一般是用水的沸点100℃和冰点0℃作为温度标准的基准点。例如，普通温度计就是把水银柱在0℃和100℃之间等分100份制成的。液态氧的沸点为－183℃，常用作低温时的温度标准基点。另外，固体二氧化碳（干冰）的气化点－78.51℃和水银的凝固点－38.87℃，常被用作低温温度的辅助基本点。

泡 沫 化

空气固然有重量，但和别的东西相比，终究是非常轻的。在靠近地球表面的地方，1立方米的空气只有1.293千克重，而1立方米的水重1吨，1立方米的水银重达13.6吨，比同体积的空气重了1万多倍。据计算，整个大气层中的空气总重量，在5000亿万吨以上，不过，与地壳的总重量相比，并不算太重，仅占地壳总重量的百万分之一。

正因为空气很轻，人们把空气掺进塑料、纤维、橡胶、混凝土、玻璃、铝里，制成了轻盈的泡沫塑料、泡沫纤维、泡沫橡胶、泡沫混凝土、泡沫玻璃、泡沫铝等。[①] 泡沫材料在造船、冷藏、交通运输、无线电技术、航空，特别是在建筑工业上，具有重要的用途。

塑料，本来已是一种很轻的东西，重量只有同体积铁的 1/5，木头的 1/2。但是，随着科学技术的发展，现在制成的最轻的塑料——泡沫塑料，只有同体积的铁的 1/80、木头的 1/30 那么重。

泡沫塑料，是把聚苯乙烯、聚异氰酸酯塑料或者脲醛塑料，加热到 150℃左右，使塑料软化成一团胶，然后往里通进空气气泡或者用发泡剂发泡（如用碳酸氢钠分解产生二氧化碳）。因为胶状的塑料很黏，气泡不易上升到表面，因此，当冷却时，塑料一凝固，便把气泡包在里头了。如果气泡是圆的，就叫泡沫塑料；若是开口的小孔，则叫多孔塑料。不过，由于泡沫塑料和多孔塑料没有本质的区别，现在，差不多都统称为泡沫塑料。

一块 1 立方米的聚乙烯泡沫塑料，只有 15 千克重。泡沫塑料之所以轻，是因为“肚子”里尽是气泡。它善于隔音、绝热。

泡沫塑料常被作为墙壁夹层，它不腐烂，不吸水，并且能隔音、绝热。

泡沫塑料常在电话室、广播电台的播音室、电影厂的录音棚以及某些工厂里用作隔音板。有时，也用在电冰箱、浴室里作为绝热板。一般只需要 3 厘米厚就够了。用泡沫塑料制造的家具，也给人们不少方便。衣橱如果用木头做，有几十千克重，如果改用泡沫塑料做，大约只有 3 千克重，能轻而易举地搬动它。用泡沫塑料做的救生圈不到 2 千克重，用软木做的则有 8 千克，而且浮力还不及泡沫塑料救生圈大。90 千克重的软木救生筏能乘坐 12 个人，而 25 千克重的泡沫塑料救生筏，却能供 20 个人使用。某些高性能泡沫塑料还被用于飞机和宇宙飞船上，作为隔音板和绝热板，大大减轻

---

① 也有的不是用空气，而是用二氧化碳。——作者注

了负载。

现在，还制成了直径比头发还要小的一粒粒泡沫塑料——“微微球”。这种“微微球”真是又轻又小，在石油工业上找到了妙用。石油在运输途中，常常因挥发而损失2%—4%。如果在石油中加一些“微微球”，它们漂浮在油面上，大大抑制石油的挥发，可使石油的损失减少到万分之一左右。

如果在人造丝、合成纤维中混进空气，就制得泡沫纤维。用泡沫纤维织成的游泳衣，像蝉翼一样轻。用它制成的“棉胎”，又轻又暖。这种“棉胎”在军事上很有用处，因为它大大减轻了战士们行军时的负担，而且在遇见大河拦住去路时，只要把这“棉胎”往腰间一围，便成了一个非常好的救生圈。用它制造的“棉”衣比丝棉更轻，更能保暖。

泡沫橡胶，也非常轻盈，富有弹性，用它制作坐垫、床垫非常合适。如果用它制造沙发的话，根本不必再另安弹簧。在化学工业上，人们开始用它作为电解、电渗、电池的隔膜。

人们还试用泡沫橡胶制作轮胎，这样的轮胎非常好，用不着打气，当然也就不存在漏气的问题，装在汽车、飞机上，十分合适。

泡沫混凝土是在混凝土中掺进空气制成的。混凝土本来是以笨重著称的，但是，一旦制成了泡沫混凝土，顿时便轻了许多。现在，人们已经用泡沫混凝土来做墙壁、做天花板，使房子冬暖夏凉，杂音少。在工厂里，人们用泡沫混凝土砌成炉子的外壳，可以很好地绝热，节省用煤。泡沫玻璃和泡沫铝也是新型材料。它们和泡沫塑料一样轻盈，但是更为结实，还能耐高温。泡沫玻璃和泡沫铝，也被用来做隔音、绝热的好材料。

在1948年，人们直接用空气来建筑“空气房子”。这种空气房子，同样是空气和橡胶、合成纤维合成的新产物，只不过空气并不是以气泡的形式钻进这些材料的“肚子”里，而是用橡胶或合成纤维制成一个个薄膜袋囊，然后往里打气，把这些充气后的袋子搭在一起，便成了一座“空气房子”。这样的房子1平方米只有几千克重，搬动一座能容纳4000吨粮食的“空气仓库”，只需两辆卡车就够了。现在，这种空气房子已经被用于北极探险、登山和地质勘探，携带很方便，要搭就搭——用空气压缩机或打气筒往里打气，要拆就拆——打开排气孔就行了。空气，成了材料的轻身术法宝，成了建筑工业的新兵！

2 氧气

化学史上的一件悬案

1807年，德国科学家克拉普罗特在俄罗斯圣彼得堡科学院的大会上，宣读了一篇令人注意的论文。

这是一篇关于谁最早发现氧气的论文。在这以前，世界上公认：氧气是瑞典化学家舍勒在1772年和英国化学家普里斯特利在1774年，各自独立发现的。舍勒是用二氧化锰、硝酸钾、硝酸镁等分解制取氧气，他的论文《空气和燃烧》在他发现氧气后的第五年——1777年才发表。而普里斯特利则是加热氧化汞制得了氧气，他在做这一研究工作时，并未看到舍勒的论文，也不知道舍勒的工作情况。因此，世界化学史上，认为舍勒和普里斯特利共同是氧气的发现者。然而，克拉普罗特在论文里，却提出了另一种不同的看法：氧气是中国的马和首先发现的！

克拉普罗特的父亲，是当时著名的化学家，而克拉普罗特本人，则是19世纪初期的一位东方语言学家，他懂得多种东方文字，特别精通中文，不仅能听懂中国话，而且看得懂中国的古文。克拉普罗特在18岁的时候，

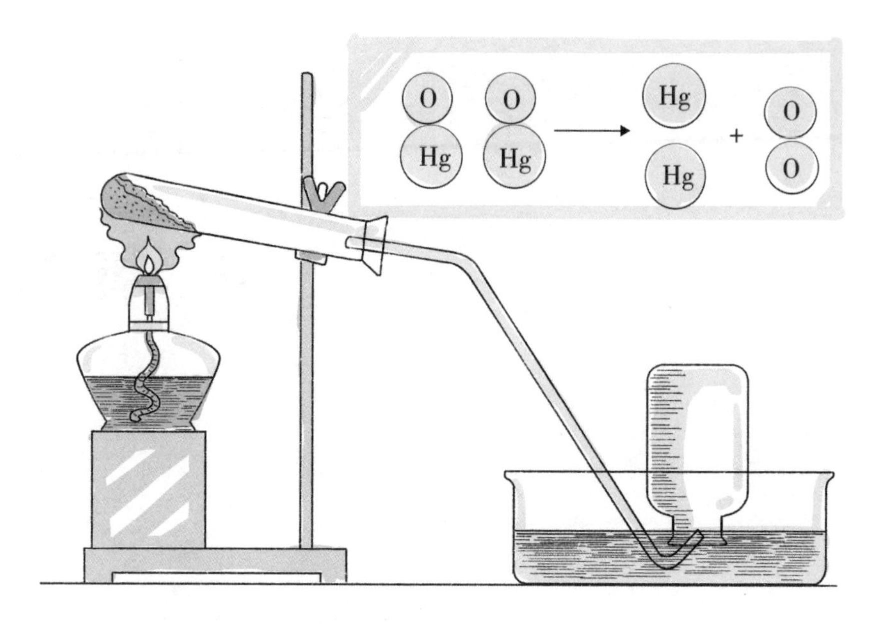

便创办了《亚洲杂志》，随后因为精通东方语言，被俄罗斯沙皇政府聘请到圣彼得堡科学院担任亚洲语文教授。在 1804 年，他曾到中国北京来担任俄国驻华大使馆的翻译。正因为他父亲精通化学，而他自己又精通中文，克拉普罗特对中国古籍中有关化学方面的知识的记载，格外留意、关心。

克拉普罗特在一次报告里谈过，1802 年，他在一位德国朋友波尔南那里，看到一本 68 页的中国马和（音译）的著作，书名叫作《平龙认》。在书里，马和认为：空气中有阴阳两气，阴气可以从加热青石、火硝、黑炭石中提取，水里也有阴气，它和阳气紧密混合在一起，很难分开。这里的"阴气"，就是指氧气。

克拉普罗特在 1807 年所作的这个报告，在 1810 年以《第八世纪时中国人的化学知识》为题，发表于俄罗斯《圣彼得堡科学院院刊》上。这篇论文引起了世界化学界的重视和热烈争论。

不过，直到今天，马和发现氧气的问题，仍是化学史上的一件"悬案”，因为《平龙认》这本书是一本手抄本，只有克拉普罗特亲眼看到过。克拉普罗特在论文里曾经用了中文的“平龙认”这三个字，因此这本书的书名叫《平龙认》，这一点确实无疑。但是，克拉普罗特的论文，是用法文写成的，关于《平龙认》一书的作者，他只写了法文 Maó-hhóa，并没有写出中文原文。根据法文拼音，可以译成许多近音姓名，如“马和”“麻和”“毛华”“茅华”等。

马和，究竟是一个什么样的人呢？我国化学史工作者从《平龙认》这个书名推断，这是出自古代风水先生（或“阴阳先生”）们流传的一句口诀：“山龙易寻，平龙难认。”因此作者马和很可能是一个会看风水的人，也就是古时候所谓“堪舆家”。然而，找遍我国古书藏书目录，找遍道家炼丹术书，查遍“马”“麻”“莫”“茅”“毛”姓的作者名字，始终找不到与“马和”字音相近的名字，也没有找到《平龙认》这样的书名。曾有人查到过“马罕”（晋朝人）和“马湘”（唐朝人）这样姓名有点和“马和”音近的人，但是从他们的经历、生平看来，都不可能是《平龙认》一书的作者。此外，还有人认为“马和”只是名字，他不一定姓“马”，而是姓其他的姓，或者“马和”只是一个道号、法号罢了。[①]

不仅《平龙认》一书的原抄本、作者是件“悬案”，克拉普罗特在论文中提到的《平龙认》一书的写作年代——“至德元年”，至今也仍是一件“悬案”。因为在中国历史上，恰巧有两个时期用过“至德”这年号：一个是南北朝时的陈后主时期，从公元 583 年到 586 年；一个是唐肃宗时期，从公元 756 年到 758 年。这“至德元年”究竟是指 583 年呢，还是指 756 年？现在还没有弄清。

但是，从克拉普罗特的论文，从现有材料，至少可以得出这样的结论：早于欧洲发现氧气 1000 多年，我国有一个叫“马和”的人，已经对氧气做

---

① 经笔者查考，明朝著名的“三保太监”郑和原姓马，即马和。但他是不是那个发现氧气的马和，尚待进一步考证。——作者注

了十分深入的研究。马和发现氧气，是勤劳勇敢的中华民族千万朵智慧之花中的一朵。在历史上，像《平龙认》这样的著作，不知有多少失传，被埋没掉。据估计，克拉普罗特在波尔南那里所看到的那本《平龙认》手抄本，最大的可能性是在德国。此外，《平龙认》的其他手抄本，也很可能在我国国内找到。

化学史上的这件“悬案”正在探索、解决之中。

普里斯特利的实验

在欧洲，首先发现氧气的是舍勒和普里斯特利。尤其是普里斯特利，为近代化学奠定了基础。

普里斯特利是英国化学家、哲学家。曾任牧师和中学教师，但是他很喜欢自然科学，酷爱化学。他出身于一个裁缝的家庭，很贫苦。小时候，跟一位牧师学习拉丁文和希腊文。后来，他做了牧师并兼任一个中学的校长。他在 1764 年结识了著名的美国科学家富兰克林，后来在富兰克林的影响下，开始对自然科学感兴趣。他常常在空余的时候做各种化学实验。特别是 1772 年以后，他在英国工作，阅读了不少自然科学方面的著作，更加爱上了化学。

1774 年，普里斯特利在加热当时化学实验室里十分普遍的一种红色粉末——三仙丹（氧化汞）时，发现了氧气。

普里斯特利在自己的实验记录本上，这样描述了发现前后的经过：“我在找到一块凸透镜之后，便兴致勃勃地去进行我的实验。如果把各种不同的东西放在一只充满水银的瓶里，再把那瓶倒放在水银槽中，使用凸透镜，使太阳的热集中到那物体上，我不知道会得到些什么样的结果。在做了许多实验后，我想拿三仙丹来做做看。我非常高兴地看到，当我用凸透镜照射之后，三仙丹竟然产生许多气体。”这是什么气体呢？普里斯特利接着写道：“当我获得了比所用的三仙丹体积大三四倍的气体之后，我便取出了一些气体，倒进一些水，看见这气体并不溶解于水。但是，使我更奇怪的是，当我把一支蜡烛放到这种气体中燃烧的时候，蜡烛竟发出一种非常亮的火焰。这种奇怪的现象，我是完全不知道怎样解释才好。”

除了对这种新发现的气体做燃料实验外，普里斯特利还把一只小老鼠放到充满这种气体的瓶子里，老鼠在瓶子里蹦蹦跳跳，很是自在。“老鼠既然已经在这气体里能舒舒服服地生活，我自己也要亲自来试试。”普里斯特利接着写道：“我用玻璃管从一个大瓶子里，把这气体吸到肺中，我觉得十分愉快，我的肺部在当时的感觉，好像和平常呼吸空气时没有什么区别。但是，我自从吸进这气体后，觉得经过好久身心还是十分轻快舒畅。唉，又有谁知道，这种气体将来会不会变成时髦的奢侈品呢？不过，现在世界上享受到呼吸这种气体的愉快的，只有两只老鼠和我自己而已！”

普里斯特利发现的这种气体，就是氧气。三仙丹的化学成分就是氧化汞，通常是红色的粉末。氧化汞受热后，即行分解，生成氧气和汞。

普里斯特利便是利用这个化学反应制取纯氧。

地球上最多的元素

氧，是地球上最多、分布最广的元素。

据统计，在地壳中氧的重量几乎占地球总重量的一半——49.5%；其次是硅，占25.7%；再其次是铝，占7.3%；然后依次为铁——4.7%，钙——3.4%，钠——2.6%，钾——2.4%，镁——2%，氢——1%；其余大自然中存在的元素，总共只占1.4%。如果按原子个数来计算，那么，氧原子占整个地壳各种原子总数的52.3%，即在组成地壳的全部原子中，氧原子占一半以上。

空气，是一个氧气的仓库。前面已经说过，空气中氧气大约占1/5。据计算，大气中的氧气总重量，在10^{15}吨以上。

海洋，也是一个巨大的氧气仓库，因为水的分子是由一个氧原子和两个氢原子组成的，而地球的表面，约3/4是被水覆盖着的。不仅如此，北极和南极的冰山以及高山上的冰川，那也是水——固态的水。动植物总重量的一半以上是水。一个体重70千克左右的人，约含40千克的水。

氧是地壳中分布最广的元素：在沙子（二氧化硅）中，含有53%的氧；在黏土里，65%是氧；巨大的石灰岩，含有48%的氧；绝大部分矿物，也都是氧化物，例如，赤铁矿——氧化铁，铝土矿——氧化铝，灰锰矿——二氧化锰，金红石——二氧化钛，等等。

尽管空气中所含的氧已是足够的了，然而，和地壳中的含氧量相比，却大为逊色，只及地壳含氧量的万分之一而已。少量纯净的氧气，是无色、无臭的气体，但大量的氧气，则呈浅蓝色。液态氧是蓝色的。同体积氧气和空气的重量差不太多：在一个大气压和 0℃时，氧气的密度为 1.429 克/升，而空气为 1.293 克/升。氧气不太溶于水；在一个大气压和 0℃时，在 100 体积水中，只能溶解 5 体积的氧气。氧气在水中的溶解度虽然不大，但却具有重大意义，水里的鱼类和其他生物，便是靠着这一点氧气来进行呼吸，维持生命的。

在大自然中，氧有三种同位素①，即$^{16}_{8}O$、$^{17}_{8}O$和$^{18}_{8}O$，其中$^{16}_{8}O$最多，占 99.75%。元素的原子量，是以氧的原子量的 1/16 作单位的，被称为“氧单位”。然而，长期以来，化学家和物理学家却一直存在着争论：化学家是用天然氧的原子重量的 1/16 作为氧单位，而物理学家主张用$^{16}_{8}O$的原子重量的 1/16 作为氧单位。这样一来，两个原子量单位便不一样了。

1 物理原子量=1.000275×化学原子量

由于原子量的单位不一样，所测得的各种元素的原子量当然也就不一样。多少年来，化学家使用着一套原子量，物理学家使用着另一套原子量。尽管相差不大，但在做精密测定时，都会有所影响，需要进行换算，十分麻烦。

1959 年，国际化学联合会建议，采用$^{12}_{6}C$的原子质量的 1/12，作为原子质量单位。$^{12}_{6}C$原子核中含有 6 个质子和 6 个中子。1960 年，国际物理联合会同意了这一建议。1961 年 8 月，在加拿大召开的国际化学联合会正式通过采用新的原子量的标准。

采用$^{12}_{6}C$的原子质量的 1/12 作为原子量单位以后，新的原子量值比原来化学上以氧单位为原子量值要低百万分之四十三。

---

① “同位素”是指在化学元素周期表上占“同”一“位”子，也就是指原子核中质子数相同、中子数不同的各种原子。例如，$^{16}_{8}O$、$^{17}_{8}O$、$^{18}_{8}O$的原子核中，都含有 8 个质子，而中子数不同，分别为 8、9、10。——作者注

氧气的制造

在大自然中，氧气和氧化物虽然不少，然而，纯净的氧气几乎没有。空气是一个氧气的仓库。最普遍、最便宜的制取纯氧的方法，就是蒸发液态空气。关于液态空气的制造，在前面已经讲过。当制得液态空气后，利用液态氧和液态氮的沸点不同，把它们分开：液态氧的沸点是－183℃，而液态氮沸点为－196℃。也就是说，氮的沸点比氧低。因此，当液态空气缓慢地蒸发时，氮首先逸出，然后才是氧，可以借此把它们分离。不过，在实际上，由于液态氧和液态氮的沸点相差不多，液态空气只经过一次蒸发，是很难得到纯氧和纯氮的。在工业上，都是使用精馏塔，通过多次蒸发把液态氧和液态氮分开。

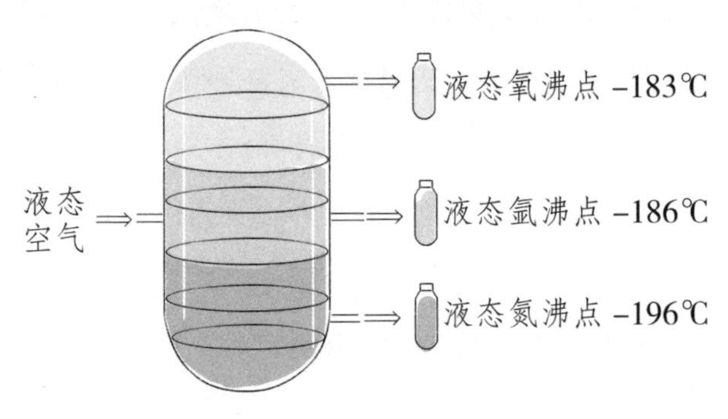

除了从空气中获取纯氧以外，人们也从水里得到氧——电解水。电解水并不困难，只要在加有电解质的水里插上电极，再接上直流电，那么，电流就能把水分子“撕碎”——电解，在阳极逸出氧气，在阴极逸出氢气。电解 1 立方米水，在一个大气压和 0℃时，可以得到 1360 立方米的氢气和 680 立方米的氧气。一个电解水工厂，在 1 小时里，便能生产出 1 万立方米的氧气和 2 万立方米的氢气。由于纯净的水是不导电的，例如，每 1 立方厘米的二次蒸馏水，它的电阻便差不多和横截面积为 1 平方毫米、长 20 万千米的铜导线的电阻相等。因此，在电解水时，人们总是在水中加入少量的电解质，如酸、碱、盐类，以便能通过电流，进行电解。

电解法得到的氧气，几乎不含什么杂质，比从液态空气中得到的氧气要纯，但成本要高。

电解水得到的纯氧，大都用于科学研究工作，而蒸发液态空气得到的纯氧，大都用于工业生产。

在实验室里，人们常常利用一些含氧的化合物的分解，来制取氧气。最常见的，是把氯酸钾加热，使它分解，制得氧气。从 100 克氯酸钾中，理论上可以得到 39 克氧气。室温和一个大气压下，39 克氧气的体积大约为 0.03 立方米。不过，加热氯酸钾，分解反应进行得十分缓慢，如果加一点黑色的粉末——二氧化锰，反应的速度便显著加快。在这里，二氧化锰起着催化剂的作用。氯酸钾分解后，变成了白色的氯化钾，放出氧气。

把紫色晶体高锰酸钾加热，也可以得到氧气。

从 100 克高锰酸钾中可以得到 15 克氧气。这么多氧气在室温和一个大气压下的体积约为 0.0115 立方米。

把一些不稳定的氧化物加热，同样能得到氧气。普里斯特利最早便是加热氧化汞得到氧气的。不过，到了 20 世纪以后，很少再用这个方法了，因为氧化汞很贵，又有毒，使用很不方便。

值得提一下的是氧化钡，它是个脾气十分古怪的氧化物：加热到 550℃左右，它会强烈地吸收空气中的氧气变成过氧化钡，然而，当加热到 900℃时，过氧化钡却又会分解，放出氧气，重新变成氧化钡。利用氧化钡这一性质，可以循环不断地制取氧气。

燃素学说

氧气的化学性质是相当活泼的，它能和许许多多元素直接化合。在自然界发生的各种化学变化中，常常有氧气的份儿，像木头、煤块、石油的燃烧，便是在氧气参与下发生的化学反应——氧化反应。然而，人们真正认识氧气在这些化学变化中所起的作用，却是经过了长期、曲折的过程。

人们在很早以前，就懂得了烧火，并且用火来取暖和照明。然而，人们对这样一个非常普通的问题却回答不出来：木头为什么能够燃烧，而石头却不会燃烧？

在 1700 年，德国的斯塔尔对这个问题作了这样的回答："因为在木头中含有一种特别的'要素'。这个'要素'是什么呢？我叫它'燃素'。于是，我认为所有的可燃物体，都是一种燃素的化合物，其中的成分之一便是燃素……当一个东西燃烧的时候，其中的燃素就分离出来，而且所有的燃烧现象——热、光、火焰——都是因为驱逐燃素而发生的剧烈现象。"

斯塔尔的这种观点，由于能够解释当时还无法解释的燃烧现象，获得了许多人的赞同。斯塔尔的这种学说，就是著名的"燃素学说"。燃素学说是化学上第一个比较系统的理论，它在化学上整整统治了一个世纪——从 1700 年到 1800 年。这一时期正如恩格斯所指出的，是"化学刚刚借燃素说从炼金术中解放出来"的时期。因此，在化学史上，把 18 世纪称为"燃素时期"。

然而，随着科学的发展，随着人们对自然界认识的深入，燃素学说开始遭到重重困难。

第一，在 18 世纪，许多化学工作者从事提取燃素的工作，却从来也没有提取到所谓的"燃素"。

第二，人们发现，一支点燃着的蜡烛，如果放在密闭的罩子底下，没一会儿就会熄灭掉。要知道，它所含的燃素并没有跑掉。如果把罩子打开，蜡烛照样可以点亮。这是燃素学说没法解释的现象。

第三，人们发现，把金属加热煅烧后，金属会变重。按照燃素学说的解释，燃烧就是物体失去燃素的过程，木头燃烧后生成的灰烬之所以不再会燃烧，便是由于它在燃烧过程中失去了燃素。同样，金属煅烧后之所以不再会燃烧，也是由于它在燃烧过程中失去了燃素。金属在燃烧时失去了燃素，照理它的重量应该减轻，为什么反而会增加呢？

这又是一个没法回答的问题。为了勉强解释这一现象，最初，燃素学者们说："燃素是没有重量的东西。"但是，这还解释不通，因为失去了一个没有重量的东西，金属的重量应该保持不变，而不会变重。后来，他们竟然作了这样荒谬的解释："燃素不是没有重量的东西，而是具有'负的重量'的东西！它不但不受地球的吸引，而且受到地球的排斥。这样，当金属被煅烧时，燃素跑掉了，剩下的渣子失去了'负的重量'，它的重量当然也就增加了。"

在 18 世纪中叶的欧洲，由于冶金工业，特别是钢铁工业的迅速发展，迫切地需要一种新的、正确的理论来解释金属的冶炼过程，来指导生产的进一步发展。然而，燃素学说不仅无法解决一个最简单的生产实际问题，反而成了生产进一步发展的绊脚石。例如，当时炼铁厂迫切需要解决炼铁炉的鼓风问题：为什么要往炉里鼓风？风的流量多大最合适？炼一吨铁要鼓进多少空气？空气的温度多少度最合适？……这一系列生产问题，都涉及燃烧的本质，是燃素学说所无法解决的。

揭开燃烧之谜

工业生产的迅猛发展，使推翻燃素学说不仅具备了必要性，而且为揭开燃烧现象的本质，提供了可能性。在 18 世纪的 100 年间，许多人为探索燃烧的本质，进行了大量的科学实验。

法国化学家拉瓦锡正是在这样的基础上，在普里斯特利发现氧气的启发下，揭开了燃烧之谜。

1774年10月，普里斯特利在做完他那著名的制取氧气的实验两个月后，到欧洲各国去旅行。

在经过法国巴黎时，普里斯特利应邀拜访了拉瓦锡。普里斯特利向拉瓦锡谈起了自己两个月前的新发现，并在拉瓦锡的实验室里表演了自己的实验。

拉瓦锡当时正在研究燃烧现象。普里斯特利的谈话和表演，给他极大启发。之后，拉瓦锡收集了大量的汞，设计了一个新的、著名的实验，彻底揭开了燃烧之谜。

拉瓦锡的实验是这样的：他在一个弯颈的烧瓶——曲颈甑里倒进一些汞。然后，再把曲管的一端，通到一个倒置在汞槽中的玻璃罩里。由于用凸透镜聚集阳光来进行加热，一则火力不强，二则只能在中午加热一阵，不能连续长时间地加热，因此，拉瓦锡改用炉子来加热。拉瓦锡把汞加热到将近沸腾，并且一直保持这样的温度，连续加热了20个昼夜。

在加热后的第二天，在汞的液面上，漂浮着一些红色的“渣滓”。后来，红色的“渣滓”逐渐增多，一直到第 12 天，每天都在增加着。但是，从第 12 天开始，红色的“渣滓”就增加得很少了，到了后来，几乎不增加了。

拉瓦锡对这件事非常感兴趣。他仔细观察，发现钟罩中原有的 50 立方英寸①的空气减少了 7—8 立方英寸，剩下的气体体积为 42—43 立方英寸。换句话说，空气的体积大约减少了 1/6。

剩下的是些什么气体呢？拉瓦锡把点着的蜡烛放进去，蜡烛立即熄灭了；把小动物放进去，小动物也很快窒息而死。

接着，拉瓦锡小心地把汞面上的那些红色的“渣滓”取出来，称了一下，重 45 克。他把这些红色的“渣滓”放进一个小曲颈甑里，用强火猛烈加热，这些“渣滓”很快就分解了，产生大量的气体，同时甑里出现很亮的汞。这些汞沸腾着，随着气体跑进收集瓶，在那里又重新凝成液体。拉瓦锡称了一下所剩的汞，重 41.5 克；他又收集了所产生的气体，共 7— 8 立方英寸，这和原先空气减少的体积一样多。

拉瓦锡把蜡烛放进这些被收集的气体中，蜡烛猛烈地燃烧。拉瓦锡从这些现象中很清楚地知道，这气体，就是普里斯特利不久前所发现的气体，他称之为“氧气”，至于那红色的“渣滓”，就是三仙丹——汞和氧的化合物。

于是，拉瓦锡得出了重要的结论：燃烧，并不是像燃素说所说的那样，是燃素从燃烧物中分离的过程，而是燃烧物质和空气中的氧气相化合的过程。金属锈蚀，也是和燃烧一样的氧化过程。

拉瓦锡清楚地解释了自己所做的实验：受热时，汞和氧气化合，变成了红色的氧化汞。由于钟罩里的氧气渐渐都和汞化合了，所以加热到第 12

① 1 立方英寸等于 16.3871 立方厘米。——编辑注

天以后，氧化汞的量便很少再有增加。然而，当猛烈地加热氧化汞时，它又分解了，放出氧气，而瓶中析出金属汞。

1789年，拉瓦锡出版了他的《化学基本教程》。在《化学基本教程》里，拉瓦锡讲述了自己的实验，阐明了燃烧的本质，批判了燃素学说。

恩格斯在《自然辩证法》中正确地评价了拉瓦锡的实验。他指出：在化学中，燃素说经过百年的实验工作提供了这样一些材料，借助于这些材料，拉瓦锡才能在普里斯特利制出的氧中发现了幻想的燃素的真实的对立物，因而推翻了全部的燃素说。

氧气和燃烧

按照现代化学的定义，燃烧就是能产生大量的热和光的化学反应。

绝大部分的燃烧，都是和氧气分不开的。不过，也有少部分的燃烧反应，并没有氧气参加。

例如，氢气能在氯气中燃烧，金属钠能在氢气或者氯气中燃烧，金属镁甚至能在“不助燃”的二氧化碳中燃烧。

在燃烧中，氧气大都起着助燃的作用。不过，可燃性和助燃性也只是相对而言，有时，氧气也可以算作可燃气体：如果把煤气在氧气中点燃，煤气就可燃烧，这里氧气是助燃剂，而煤气是可燃气。然而，如果把氧气通进充满氟气的容器中，氧气也能燃烧。在这里，氟气是助燃剂，而氧气成了可燃气。

许多在空气中能够燃烧的物质，在纯净的氧气中，由于氧气的浓度比在空气中大得多，燃烧会更加猛烈。例如，木炭、磷、硫、木片，在纯氧中燃烧时，会发出刺目的光芒。一些在空气中不能燃烧的物质，在纯净的氧气中，也常常能燃烧。铁丝是没法用火柴点燃的，而在纯氧中，铁丝居然能猛烈地燃烧，迸发出美丽的火星。

在氧气中燃烧，实际上就是一个氧化反应，燃烧所生成的产物，是氧化物。例如，木炭、硫、磷、铁等燃烧以后，便相应地生成二氧化碳、二氧化硫、五氧化二磷和三氧化二铁，有机物燃烧之后，大都生成二氧化碳和水。

利用纯氧代替空气，常常能大大提高燃烧反应的速度和温度。人们利用这一点，制成了氧炔焰和氢氧焰。在工厂或建筑工地上，电焊工人戴着蓝色的防护面罩，手里拿着一条射出耀眼光芒的“火龙”，在焊接或者截断金属。这“火龙”就是氧炔焰。

氧炔焰的构造并不复杂：它总是拖着两根管子，一根管子的尽头，接在氧气钢瓶上；另一根管子，接在乙炔发生器上。在使用时，把氧气和乙炔的阀门都打开，氧气就从喷嘴的内管里喷出来，而乙炔从外管喷出来，猛烈地燃烧。

乙炔（电石气）是一种可燃性气体。通常都把电石（碳化钙）浸在水里制取乙炔，因为电石能和水反应，生成乙炔和氢氧化钙。

乙炔是无色的气体，有轻微的香味，用电石制得的乙炔却往往有一股刺鼻的蒜臭味，那是因电石中总夹着一些磷、硫化合物，它们和水反应，生成磷化氢、硫化氢，发出臭味。

1 立方米的乙炔燃烧时，大约需要 2.5 立方米的纯氧。不过，平常在氧炔焰中，乙炔和氧气并没有按 1∶2.5 的比例配合，氧气总是少一些，这是因为在燃烧时，周围是空气，可以从空气中获得一部分氧气。

氧炔焰在燃烧时的火焰温度可以达到 3000℃。在这样的温度下，金、银、钢铁、铜等都已熔化。正因为这样，人们常用它来焊接或切割金属。不过，随着被切割的金属板的厚度增加，氧气的压力便相应地需要增加。例如，金属板厚度为 5—25 毫米时，氧气的压力应该为 2—4 个大气压；金属板厚度为 200—300 毫米时，氧气的压力应不低于 12—14 个大气压。

有时，还可以将几十个氧炔焰成排地联合起来，组成“火刨”，当它从金属表面射过时，能够像刨木板似的“刨”掉一层金属。在钢铁厂里，人们便把那些几吨重的大钢锭，按照每分钟 20—40 米的速度通过氧炔焰组成的四方的“火刨”，把它的表面“刨”掉大约 3 毫米。

氧炔焰在水底也能燃烧，因为它从氧气筒中可以不断获得氧气，而不必依赖空气。氧炔焰的这一特性给潜水员们带来了很大方便：当人们打捞沉船时，事先要很好地检查和了解船沉没的原因、它的构造和舱内尚存的货物，然而，船在海底被泥土盖住，潜水员常常不易进入船舱，这时，如果带了氧炔焰下海，把船壳切下一大块，潜水员便能进入船舱了。

至于氢氧焰，它的原理、构造和氧炔焰完全一样，所不同的只是它所用的可燃气体是氢气。

氢氧焰的温度比氧炔焰更高，达 3500℃，而且比较纯净，常用于科学研究工作，此外，还用于烧制石英器皿。不过，氢气比乙炔要贵得多，因此，在工业上，仍大量使用氧炔焰。

近年来，我国还采用低廉的丙烷代替乙炔。这种气割方法叫“氧烷焰”。丙烷是一种无色气体。氧烷焰中所用的丙烷，并不需很纯，一般是用炼制石油的废气，这种废气中含有很多丙烷。

氧烷焰比起氧炔焰来，具有很多优越性。首先是原料价格低廉。特别是随着我国石油工业的发展，丙烷已更为易得。一个年产 100 万吨的炼油厂，一年可产生 4 万吨含有大量丙烷的炼油废气。而乙炔要用电石产生，生产 1 吨电石，要消耗 3300 千瓦时电和 600 千克焦炭。含丙烷的炼油废气在常温下虽然是气体，但稍加一点压力即可变成液体。因此，氧烷焰切割又叫“液化石油气切割”。1 千克“液化石油”可代替 4 千克电石，而且不论是使用、运输、贮存，都比用乙炔方便。

当然，氧烷焰也有不如氧炔焰的地方，主要是温度不及氧炔焰高。氧炔焰温度可达 3000℃，而氧烷焰一般只能达到 2000℃。不过，用于普通金属切割，这已足够高了。

氧气和呼吸

氧气，在清末的化学书籍中，常常写作“养气”。

“养气”这个名字，最初是我国清末近代化学书籍的翻译者徐寿所取的。他在他所译的《化学鉴原》这本中国最早的近代化学书籍中写道：“前96年英国教士布里司德里者（即普里斯特利——引者注）得养气之质。”后来，我国化学工作者为了统一起见，把气体元素一律写成“气”字头的，因此才出现“氧”字——从“养”字转音而来的。

氧气，是名副其实的“养气之质”。一个人如果停止呼吸六七分钟，就会死亡。在水里淹死的人，与其说是被淹死，倒不如说是因缺乏空气（主要是氧气）窒息而死。

呼吸，是怎么回事呢？

要想把炉子烧好，除了要不时地添煤之外，还必须保持良好的通风，这是谁都知道的事。烧煤炉要保持良好的通风，是因为煤的燃烧就是一场化学反应，煤（碳）和空气中的氧气化合变成二氧化碳，同时放出大量的热。没有氧气，这场反应就不能进行，炉火也就会熄灭。

人体，也可以说是一座“炉子”，它同样在不断放热，只不过在这“炉子”里，氧化反应并不像煤块燃烧那么激烈罢了。人每天吃进的食物，像蛋白质、脂肪、糖类等，在胃、肠经消化液分解以后，到了小肠，被小肠绒毛吸走，通过血液，运到全身各个部分。这些食物，犹如炉子中的燃料，人体便是靠着它们“燃烧”——氧化放出热量保持体温的。据统计，1克蛋白质或糖类氧化后，放出17.16焦的热量，而1克脂肪氧化后，放出38.93焦的热量。一般脑力劳动者每天大约需要消耗10.05千焦热量，而体力劳动者和运动员，每天要消耗 12.56 千焦以上的热量。然而，当蛋白质、脂肪、糖类氧化时，和煤块燃烧时一样也需要氧气。正因为这样，人必须不断呼吸，在吸进的空气中，按体积计算，氧占 20.93%，二氧化碳占 0.03%；而在吐出的空气中，氧占 16.96%，二氧化碳占 3.52%。据统计，成年人在安静的条件下每分钟呼吸 16—18 次，每次大约能吸入半升的氧气，1 分钟便需要 8 升氧气，而一天则需要 1.1 万多升氧气。

氧气是怎样进入人体的呢？

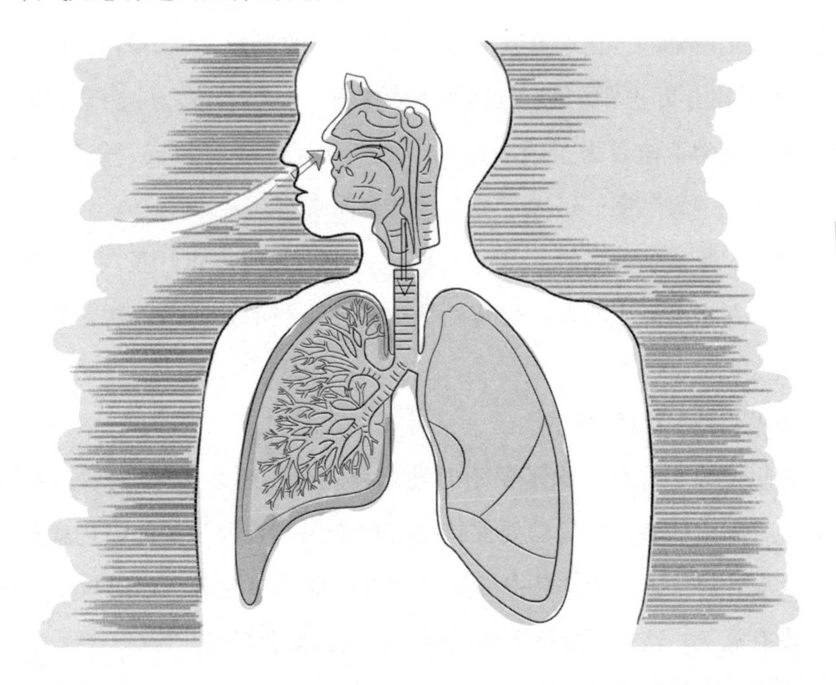

肺，是人体中的一个巨大的气体交换站，而血液则是氧气的运输兵。

肺，是人体的五脏之一，占了胸腔的大部分空间。在左胸，有两叶肺；在右胸，有三叶肺。

每叶肺都有比较粗的主气管和许多支气管相连，支气管又和更细的小气管相连，在每个小管的末端，是一个个只有一粒米的 1/10 那么小的肺泡。在一个人的肺里，有 7000 多万个肺泡。这么多肺泡，具有巨大的表面积，如果把它铺平的话，足足有 67 平方米那么大。

吸气时，空气经鼻、咽、喉进入主气管、支气管、小气管、肺泡。呼气时，气体由肺泡，经小气管、支气管、主气管排出。

一个个肺泡，犹如一个个车站。那里既是人体中血管的“起点”，又是“终点”：动脉的血液从这里“装货”——装上氧气，运到全身；静脉的血液在这里“卸货”——排出二氧化碳。

血液，是人体中繁忙的运输兵。血液是一个混合物，由血球和血浆组成，血球占总量的45%，血浆占55%。血球，又分为三种——红色的红细胞和无色的白细胞、血小板。真正担任运输氧气和二氧化碳任务的“运输兵”，是红细胞和血浆。红细胞个儿虽小，但数量却不少，在男子的每毫升血液中，大约有500万个红细胞。

红细胞里含有血红蛋白。血红蛋白有一个重要的本领：它既能和氧气结合，生成不稳定的化合物——氧血红蛋白，又能和二氧化碳结合，生成另一种不稳定的化合物——还原血红蛋白。

当满载着氧气的动脉血液，从肺部流向全身时，由于组织各部分的“燃料”正在“燃烧”，细胞中的氧气消耗很多，氧分压很低，而二氧化碳产生很多，二氧化碳分压很高。动脉血液一到了那里，血液氧分压比较高，氧血红蛋白中的氧很快被抢去，而血液中二氧化碳分压比较低，细胞中积累起来的二氧化碳便和血红蛋白结合为还原血红蛋白。这时，鲜红的动脉血，便变成了暗红色的静脉血。

静脉血沿着静脉来到肺里。肺部一吸气，新鲜空气中的氧分压比静脉血液中高，二氧化碳分压比它低，这时，静脉血便发生了和刚才相反的过程：放出二氧化碳，血红蛋白重新和氧气相结合，变成氧血红蛋白。于是，静脉血又变成了动脉血。

血浆由于能够部分地溶解氧气和二氧化碳，特别是能和二氧化碳形成酸式碳酸盐，能够溶解较多的二氧化碳，随着血液循环时氧分压和二氧化碳分压周期性地变化，血浆同样也担负一小部分的运输任务。

不过，肺部一旦吸入一氧化碳（俗称“煤气”），血红蛋白便和一氧化碳结合，变成稳定的“碳氧血红蛋白”，不再和氧气或者二氧化碳结合，也就不再起着“运输兵”的作用，使人窒息而死。在冬天，有时发生的“煤气中毒”便是这个缘故：当煤炉通风不良时，空气供应不足，煤炉里便会产生大量的一氧化碳，使人中毒。

在人体中，各个部分对氧气缺乏的忍耐力不一样，其中忍耐力最差的是脑组织。当氧气供应稍微不足时，人便感到头晕，而当氧气供应停止七八分钟时，脑组织便受不了而停止工作，人也就随之死去。而人的手、脚肌肉组织，在停止氧气的供应后，还能忍耐两三小时或者更长一些时间。正因为这样，从人体上断离了的肢体，在较短时间内被重新接上，可以接活。近年来，我国已多次成功进行断手再植、断指再植、断肢再植手术，以及同体异肢再植手术。

胎儿在出生以前，并不进行呼吸，他是从母体的血液里吸收氧气和排出二氧化碳的。胎儿的肺中没有空气，据测定，肺的比重为 1.045—1.056，和水的比重 1.000 几乎相等。当婴儿吸进第一口空气以后，整个肺的比重便大大下降。据测定，充气的肺的比重为 0.126—0.746，吸气越多，比重越小。人们在游泳时，之所以能浮在水面上，和肺部充满空气是很有关系的。据测定，一个人猛吸一口气时，肺部大约可以充满 5 升的空气。这也就是说，吸一大口气差不多可以给人们在水中增加 5 千克的浮力！

在医疗上，常给一些患严重肺病的病人呼吸纯净的氧气，这样，就可以大大减少他们肺部的负担。呼吸纯氧和呼吸空气的感觉差不多，只是感到更舒畅些。在使用时，当然不能从钢筒直接用一根橡皮管通到病人的鼻腔，因为钢筒里压力很大，直接打开阀门会使病人受不了。通常，总是先将氧气通进一个枕头般的氧气垫里，经过缓冲，再进入病人的肺部。

登山运动员、飞行员、潜水员、宇宙飞行员，也都随身带着氧气囊，以便能在缺少氧气的地方正常地生活。

人在不断呼吸，动物在不断呼吸，植物也在日夜不停地进行呼吸。因为植物也在不断吐故纳新，进行新陈代谢，吸进氧气，吐出二氧化碳。在一些菜窖里，如果不注意通风，空气中的氧气就会大量被消耗，而二氧化碳却越积越多，就能使人窒息而死。

不过和人、动物不同的是，植物除了进行呼吸作用外，还在日光下进行另外一个和呼吸过程相反的“光合作用”——吸进二氧化碳，吐出氧气。植物在光合作用中所放出的氧气，大约比它在呼吸时消耗的氧气多 20 倍，因此，它能弥补人和动物以及植物本身呼吸时造成氧气的消耗。关于光合作用，在“二氧化碳”一章里，再详细介绍。

铁　锈

俗话说：“快刀不磨黄锈生。”铁生锈，确实是钢铁的一大患。据国外统计，现在全世界每年大约有 1/3 的钢铁因锈蚀而报废！

铁容易生锈，这固然与它的化学性质活泼有关，同时也跟周围的环境很有关系。

平常，当你用刀削完水果以后，总是把刀擦干才放起来。这就说明，你已经知道：铁在干燥的环境中，不大容易生锈。

人们曾做过这样的实验：把铁放在干燥的空气中，结果放了几年也没有生锈。另外，人们还发现，把铁放在煮沸过的、干净的水里，过了很久也不会生锈。

为了探索生锈的规律，人们把一根铁管插在河水里。没几天，这管子上边不锈，下边不锈，唯独靠近水面的那一段锈得很厉害。

这是什么原因呢？原来，只有当空气中的氧气溶解在水里，才容易使铁生锈。靠近水面的那一部分，和空气的距离最近，水里溶解的氧气也最多，所以最易使铁生锈。另外，空气中的二氧化碳溶解在水里，变成碳酸，也能使铁生锈。

铁生锈，实际上就是铁和氧、二氧化碳、水相互作用所产生的复杂的化学变化。至今，在科学上也还没有彻底揭开这个变化的真正内幕。铁锈的化学成分也很复杂，主要是氧化铁（即三氧化二铁）、氢氧化铁和碳酸氢铁。

铁锈，又松又容易吸水。有一次，水手们打捞起一艘沉船，这艘沉船在海底已经沉睡了150年。在甲板上，他们找到了几个炮弹，全都锈烂掉了，用刀可以像切西瓜似的把它切成一瓣一瓣的。据测定，一块铁完全生锈之后，体积比原先增加了8倍。正因为铁锈又松又容易吸水，它就成了氧气继续侵蚀铁的“基地”。所以有了铁锈斑以后的铁器，常常会很快烂个大洞。

此外，水中溶有盐类、酸类、碱类，或者铁制品表面不干净，铁中杂有其他有害金属，也会加速铁的生锈。

为了保护钢铁，人们采用种种办法来防锈。

最普通的办法是给铁器穿上一件防锈的“外衣”。比如，战士们常常用擦枪油擦枪，那就是给枪穿上一件“油外衣”，使枪与氧气隔绝，可以防锈。有时，人们也给铁穿上各种“金属外衣”——在铁器表面镀上一层难锈蚀的金属，如自行车的钢圈上镀了铬或镍；做罐头盒子的马口铁，那是镀了锡；做成的白铁皮，表面镀了一层锌；暖气管银光闪闪，表面涂了一层铝漆；汽车表面穿了一件“油漆外衣”；而脸盆、茶缸则是穿了一件“搪瓷外衣”。

人们还往钢中加入铬制成了不锈钢。不锈钢是抗锈合金，很难生锈。在不锈钢中，一般含有12%的铬。

除了铁在空气中会生锈外，其他金属，如铝、镁、锌、铜、铅、锡等，也会和氧气化合，生成“铝锈”——三氧化二铝，“镁锈”——氧化镁，“锌锈”——氧化锌，“铅锈”——氧化铅，“锡锈”——二氧化锡等。这些金属，像铝、镁、锌等，比铁还容易生锈。你如果用小刀在铝饭盒上划一道，刚划时划痕是银亮的，但没几分钟便蒙上一层灰白色——生成了白色的三氧化二铝。不过，这些金属一旦生了锈，便在表面生成一层致密的氧化膜，像涂了一层漆似的，防止氧气进一步锈蚀内部的金属，这样，氧气也就没法再捣乱了。

氧气炼钢

氧气，在工农业生产和日常生活中有着广泛的用途。除了在前面提到的氧炔焰、氢氧焰、氧烷焰和在医疗上应用之外，氧气最重要的用途是炼钢、制造液氧炸药和作为火箭燃料的氧化剂。

“钢铁”这两个字，常常被相提并论。其实，钢是钢，铁是铁，钢和铁并不是一回事。

钢与铁的不同，主要在于它们的含碳量不一样：生铁中含碳量为1.7％—4.5％，钢中含碳量在1.7％以下。

把铁矿石、焦炭倒入高炉（又叫鼓风炉、炼铁炉）里，炼出来的是生铁。再把生铁倒入炼钢炉，炼出来的才是钢。所以，生铁是炼钢的原料，而炼钢的实质就是把生铁中的一部分碳和其他杂质去掉。

炼钢的转炉，看上去像个“歪头”的桃子。当人们把白炽的铁水倒进转炉，从炉底呼呼地鼓进热空气时，生铁中所含的碳在高温下一遇上空气中的氧气，就燃烧起来了，变成一氧化碳、二氧化碳。另外，生铁中所含的杂质——硅、磷、硫等，也被烧掉，变成了二氧化硅、五氧化二磷和二氧化硫。随着铁水中含碳量的逐渐减少和杂质逐渐被除去，生铁也就变成了钢。

多少年来，人们一直是用空气炼钢，然而，这却存在着一个重大的缺

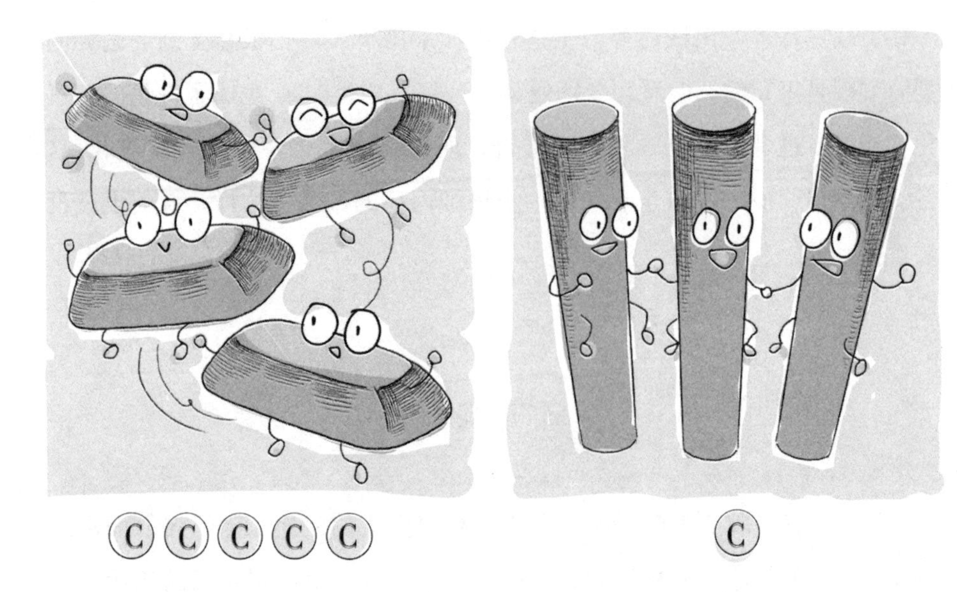

陷，因为炼钢时，所用到的只是空气中的氧气，而占空气 4/5 的氮气，却根本不起作用。当然，氮气如果光是这样进进出出，倒没多大关系，然而问题在于氮气在炼钢炉中受热，要白白带走许多热量。据计算，冶炼 100 万吨钢，就需要 30 亿立方米以上的氧气，而如果使用空气炼钢，那么同时就有 120 亿立方米无用的氮气也跑进了炼钢炉。氮气大约要浪费掉 20％的炼钢的热量。另外，氮气还会给炼钢带来这样一个麻烦：在高温下，氮气很容易溶解在钢水里。然而，当钢锭冷却的时候，氮气却又从钢水中跑了出来，结果，在钢锭里形成一个个气泡。这样蜂窝般的钢，怎么能造机器呢?

近年来，人们开始使用纯氧来炼钢。用纯氧炼钢，不仅因为没有氮气，减少了许多热量的消耗，而且大大提高了炼钢炉的温度、炼钢的速度和产品的质量。

如果在巨大的平炉中吹进纯氧来炼钢，还将有助于炉内温度的控制。只消调节氧气的进气阀，便能很好地调节炉内的温度，使炼钢过程顺利地进行。

现在，不仅炼钢使用纯氧，在炼铁时，也开始使用纯氧。

如果使用空气炼铁，人们必须把空气预热到 700—800℃，然后输进高炉，炉温可以达到 2000℃。然而，如果改用纯氧炼铁，那就不需要预热，并且炉温可以升高到 3000℃，一方面减少了热量的消耗，一方面又提高了炉温，这也就等于提高了炼铁的速度和质量。

现在，不少国家都已比较普遍地使用氧气炼钢和炼铁。在这样的炼钢厂、炼铁厂，都附设有规模巨大的液态空气工厂，以便能大量供应纯氧。随着科学技术的进步，氧气炼钢、炼铁将会完全代替空气炼钢、炼铁。

液氧炸药

棉花，在平时是很“安静”的，棉被里有棉花，棉袄里也有棉花。然而，棉花浸在液态氧里以后，却居然成了炸药。

在实验室里，氧气总是装在涂了蓝漆的钢瓶里。① 这些钢管的螺旋帽，是严禁抹油的。因为一般的油都是有机物，在高压的氧气瓶中，由于氧气的浓度非常高，一遇火星，会立即燃烧，以至爆炸。螺旋帽上抹了油的氧气钢筒，在搬运时，一受震或撞击，便会引起爆炸。棉花也是有机物，它的化学成分是纤维素，而液态氧中氧的浓度比高压下的气态氧更大，当然，它一爆炸起来威力更大。

不光是棉花能制成液氧炸药，像木炭、稻草、煤粉、锯末、烟灰，甚至青苔、泥煤浸在液态氧里，也能制成液氧炸药。这些东西都不贵，液态氧也并不贵，因此，液氧炸药几乎是最便宜的一种炸药。

液氧炸药的威力很大，因为在爆炸时不仅放出大量的热，生成大量的二氧化碳气体，而且还使过剩的液态氧也迅速蒸发，变成气体，猛烈地向

---

① 在工厂里，一般用蓝色表示氧气，黑色表示氮气或二氧化碳。化工厂的管子、钢瓶常漆成各种颜色，以表示管内、瓶内装的是什么气体。——作者注

外膨胀。据计算，1立方米的液态氧蒸发后，在一个大气压、0℃时可变为874立方米氧气；而在一个大气压、100℃时，氧气的体积为4000立方米。

人们在制造液态氧炸药时，总是把煤、木炭等先粉碎，如果是用稻草、棉花等，也要切碎，然后和一些烟炱混合，压成块状。因为烟炱能很好地吸收液态氧，加入后，可以大大提高爆炸能力。

压制成的块状物装进弹药筒，然后再把弹药筒放进绝热罐里。绝热罐是一个双层的金属容器，中间放着不易传热的多孔物质，如干燥的木屑，以免液态氧挥发。

装好以后，再往弹药筒里倒进浅蓝色的液态氧。起初，液态氧沸腾得非常厉害，过了一会儿当弹药筒的温度随着液态氧的蒸发而不断下降以后，液态氧便安静地渗进吸收剂里。这时，弹药筒便变得沉重、坚硬，并且温度很低，到了－180℃以下。

液氧炸药总是随用随装的，它的“寿命”不很长，一般都只有十几分钟到一小时，因为液态氧很容易挥发，如果不马上用掉，很快便会失效。

液氧炸药可以用装有雷汞的雷管起爆，也可以用电爆管起爆。起爆后，液氧炸药便猛烈爆炸，以致几十米以外都落满爆炸时飞出的泥土、石块。

液氧炸药便宜，威力又大，现在已被广泛地用于开矿、挖渠、修水库、挖隧道。由于它的“寿命”非常短，所以在战场上使用是不适宜的。

液态氧的温度非常低，在生产和使用液氧炸药时，都必须戴上防护手套，以免把手冻坏。液态氧溅到皮肤上，会使皮肤出现一块块黑斑，然后溃烂。因此，运送时需要用特殊设备。如今，人们还用它来制造远程火箭燃料。火箭燃料，又称高能燃料，因为它的发热值必须非常高，把液态氧和甲醇（即木精）或乙醇（即酒精）混合，可以制成发热值很高的高能燃料。甚至还有人用金属铝粉和液态氧混合，制成了非常好的高能燃料。

用液态氧为基础的高能燃料，成了现代高能燃料中十分重要的一种。虽然这种燃料不能长期保存，不如硼烷等高能燃料稳定，但是它的成本非常低，这一点是其他高能燃料所望尘莫及的。

雷雨和臭氧

雷声，是大自然的夏之歌。

在沿海，夏天的傍晚，闪电、惊雷、乌云、大雨常常相互交错降临。潮湿的晚风，赶走了闷热；清风徐徐，给人们带来了凉意。

在雷雨之后，当你漫步街头，常常感到空气格外新鲜。这有两个原因：一个是倾盆大雨把空气中的大部分灰尘都冲掉了；另外一个是在闪电时发生了一场化学变化——空气中的氧气变成了臭氧。

臭氧是在1785年发现的。臭氧也是氧。不过，大气中的氧分子含有两个氧原子，而臭氧则是由三个氧原子组成的。实验证明，臭氧分子中的三个氧原子，成等腰三角形排列。

雷雨时的臭氧是怎样产生的呢？也许，你有这样的经验：当你走进电机房里，常常会闻到股刺鼻的臭味，这就是大量的臭氧分子夹杂在空气中所造成的。

在电动机里，电压很高，电刷老是冒火花。周围空气里的氧气受到激发，就变成了臭氧。雷雨时的臭氧，也是这样生成的：雷云放电，产生巨大的电火花，使氧气激发变成了臭氧。

现在，人们在实验室里用臭氧发生器制取臭氧。臭氧发生器是由两个玻璃套管组成的，外管的外壁和内管的内壁都包着锡箔，各接一电极。在使用时，在两极之间加上两万伏特的高频电压进行无声放电，把氧气从进气管通入，让其在电场中受到激发，从出气管出来的气体中，便大约含有5％的臭氧。

在地面附近的空气中，只含有一亿分之一（按体积计算）的臭氧。而

在离地面 15—30 千米的高空，由于受到光波长度 1850Å[①] 以下的太阳紫外线的作用，氧气变为臭氧，所以那里空气中的臭氧含量远比地面附近要高。据计算，高空中的氧气转化为臭氧，大约消耗了太阳辐射到地球上的总能量的 5%，吸收了大部分紫外线。

这具有很大的生物学意义，如果没有这一化学变化的话，地面将受到强烈的紫外线照射，许多生物都将不能生存。相反，当臭氧受到波长较长的光（2000—3200Å）照射，便会分解，重新变成氧气。

把新切开的黄磷块放在玻璃瓶的瓶底，上面用水覆盖，再塞上塞子，在室温下静置。不久，黄磷会慢慢氧化，并使瓶内空气中的部分氧气变为臭氧。如果把浸于液态氧中的铜丝轻微加热，这部分热能将会被液态氧吸收，并转化为臭氧。

纯净的臭氧是天蓝色的气体。在低温、高压（临界温度为－5.0℃，临

---

① Å 为光波长度的单位，称为埃。1Å＝10^{-10} 米。——作者注

界压力为 92.3 个大气压）下，臭氧将液化成暗蓝色的液体，在－112.4℃沸腾。如果温度再下降，液态臭氧还能进一步凝结为紫黑色的固体，熔点为－251.4℃。液态的氧和臭氧，只能有限地互溶。

臭氧比氧气易溶于水，在 0℃和一个大气压下，100 体积水可以溶解 45 体积臭氧，而可溶于水的氧气只及它的 1/10 稍多——4.91 体积。臭氧易溶于四氯化碳，1 体积四氯化碳可溶 3 体积臭氧。

臭氧很不稳定，一受热就会分解变成氧气。铂可以加速它的分解，而水蒸气却相反，可以减缓它的分解。

臭氧最突出的特性，是它具有活泼的化学性质，是极强的氧化剂。臭氧能够氧化许多氧气所不能氧化的物质。在臭氧中，金属银的表面氧化成一层“银锈”——黑色的过氧化银；硫化铅能被臭氧氧化为硫酸铅；硫酸亚铁能被臭氧氧化为硫酸铁；许多有机物，像松节油、酒精等，一和臭氧相遇，便立即起火燃烧。

在工业上，臭氧被用来作为杀菌剂和漂白剂：在仓库、矿井、船舱中通进少量臭氧，可以消毒空气；一些染料，常会被臭氧氧化而褪色。例如靛蓝，便能被臭氧漂白。

浓的臭氧很臭，而且对人有害。例如，长时间在含有百万分之一臭氧的空气中呼吸，会引起疲劳和头痛。臭氧浓度再高些，会使人恶心、鼻出血和眼睛发炎，以致使人中毒。但是，稀薄的臭氧非但不臭，倒反而给人以清新的感觉。雷雨后，空气中便游荡着少量的臭氧，起着净化空气和杀菌的作用。在松林里，有很多有机松脂，也很容易被氧化而放出臭氧来。这样，一些疗养院就常常设在松林里。

3 氮气

“不能维持生命”

最早发现氮气的，是瑞典的舍勒。他在 1771 年研究空气的成分时，发现占空气体积 4/5 的是一种非常孤独的气体，它既不帮助燃烧，也不能帮助呼吸，因此，舍勒把它称为“无用空气”。

1772 年，英国的普里斯特利把木炭放在扣于石灰水上的玻璃罩中燃烧，生成的二氧化碳被石灰水吸收，剩下的气体既不助燃也不助呼吸。由于普里斯特利是一个燃素学说的拥护者，因此，他把这种气体叫作“吸饱了燃素的空气”，意思是说这种气体吸饱了燃素。按照燃素学说的观点，也就是不能帮助燃烧。

1774 年，拉瓦锡在研究空气时，把舍勒所称的“无用空气”和普里斯特利所称的“吸饱了燃素的空气”命名为“氮气”。按照希腊文原意，“氮气”就是“不能维持生命”的意思。

空气中游离的氮气，在常温下，的确是一种孤独的气体，除了金属锂以外，它几乎不和任何物质化合，当然也就谈不上帮助燃烧和维持生命了。

正因为这样，我国清末的化学家徐寿在第一次把氮译成中文时，写作“淡”，意思是说“它冲淡了空气中的氧气”。后来，在统一化学名词时，才采用了“氮”字。

纯净的氮气在常温下是无色无味的气体，比空气略轻。在低温下，它能被液化成无色的液体，在－196℃沸腾。如果温度低于－240℃，氮就能凝结为白色的晶体，它在温度达到－240℃时熔化。固体氮的比重几乎和水一样，等于1，即1立方米的固体氮的重量等于1吨。氮气在常温常压下，在水中溶解度很小，100体积水只能溶解2体积的氮气。

由于氮气在常温下的化学性质很不活泼，因此，它在大自然中，绝大部分都是以游离态存在于空气中的，占空气体积的4/5。据统计，整个地球的大气层中，大约有4000万亿吨氮。

然而，在地壳中，氮却少得可怜，仅占地壳重量的0.0046％。主要的含氮矿物，是智利硝石——硝酸钠。

氮气的化学性质之所以不活泼，取决于它的分子结构：氮气是双原子分子。在氮气分子中，这两个氮原子之间以三个共价键——三对共价电子相结合，非常牢固。要想使氮气“活泼”起来，参加化学反应，当然，那就必须把这三个牢固的共价键“撕断”，把两个氮原子分开才行。据计算，要“撕断”1摩尔的氮气①分子的共价键，需要942.7千焦热量，这几乎比任何其他双原子分子的分解热都高。正因为氮气分子中的两个氮原子彼此结合得非常牢固，它的化学性质才很不活泼。

在工业上，纯净氮气的大量生产是以空气为原料的，也就是在“氧气”这章里所讲到过的分馏液态空气的方法。不过分馏液态空气所制得的氮，大都含有少量的氧气和微量的惰性气体。这少量的氧气，大都是通过炽热的铜粉把它去掉的，因为在高温下氧气能和铜化合成氧化铜，这样便制得

① 1摩尔的氮气重28.016克。——作者注

了纯净的氮气。至于其中所含的微量的惰性气体，对纯净氮气的一般用途，并没有什么妨碍，不必除去。

在实验室里，人们是把亚硝酸铵溶液加热到 70℃，使它分解，得到氮气。另外，把氨通过炽热的氧化铜，也能制得氮气。

游离的氮气的用途并不很广。人们只是利用它孤独的个性。

很多电灯泡里都灌有氮气，因为这样可以减慢钨丝的挥发速度。

在博物馆里，那些贵重而罕有的画页、书卷，常常保存在充满氮气的圆筒里。因为蛀虫在氮气中不能生存，当然也就无法捣乱了。另外，没有氧气，也消除了氧气对书画的氧化作用。

医院里有一种医治肺病的新技术，叫作“人工气胸术”。大夫把氮气打进肺结核病人的胸膜里（也有的是打入空气），压缩有病灶的肺叶，使它得到休息。

在实验室里，氮气常常被用作不活泼的保护气体，以使一些易于氧化的物质，在暴露于空气中时不会被氧气氧化。在工业上，当处理一些易燃的液体时，也常在氮气中进行。最近，氮气又有了一项重要的新用途——保存粮食。

如果你到过粮食仓库的话，一定可以看到大米、麦子、玉米等堆积如山。这些粮食，其实是“活的”——它们也在进行呼吸，吸进氧气，吐出二氧化碳。由于呼吸，粮食会发热。粮食一多，热量不易散发，仓内温度就会不断上升，致使粮食变质。另外，害虫、微生物也会使粮食变质。

为了很好地保护粮食，我国曾试用“真空储粮”，即把粮囤用塑料薄膜密封，然后抽去囤内的空气。这样，粮食的呼吸被抑制，害虫和微生物也无法生存。然而，塑料薄膜会漏气，没多久，空气又会钻进囤内捣乱。

怎么办呢？人们对空气进行分析：危害粮囤的并不是空气中的氮气，而是氧气。粮食呼吸发热，害虫和微生物生存、繁殖，都离不了氧气。真空固然绝氧，但把无害的氮气也抽走了。

于是又创造了“真空充氮”的储粮方法：抽走囤内空气后，充进氮气。这样，既解决了绝氧问题，又克服了漏气的缺点。现在有的地方已用“真空充氮”保存粮食，让粮食不生虫、不发热、不发霉。

蛋白质和氨基酸

氮是生命的基础。可以这么说：“没有氮，就没有生命！”

因为生命所必不可缺的物质——蛋白质，是氮的化合物。

提起蛋白质来，也许有人会“顾名思义”地以为：蛋白质，就是鸡蛋里的“蛋白”。其实，蛋白质的种类很多。

鸡蛋的蛋白是蛋白质，鸡蛋的蛋黄也是蛋白质。

蚕丝是蛋白质，羊毛是蛋白质，鹿角、牛角是蛋白质，鸟的羽毛是蛋白质，猪蹄、马蹄是蛋白质，人的头发、指甲也是蛋白质。人体血液中运输氧气和二氧化碳的血红蛋白是蛋白质，人体内各种奇妙的酶、激素是蛋白质，甚至连使烟草得斑纹病，使人得天花、麻疹、伤风等病的病毒，也是蛋白质。

蛋白质被誉为“生命的基础”。因为一切细胞的细胞质和细胞核的主要成分，都是蛋白质。

蛋白质，是如此广泛，大自然中到处都有它的足迹：有生命现象的地方，就有蛋白质；有蛋白质的地方，就有生命现象。

恩格斯在他的《反杜林论》里，曾经这样精辟地论述了蛋白质和生命现象之间的关系：生命是蛋白体的存在方式，这种存在方式本质上就在于这些蛋白体的化学组成部分的不断的自我更新。……无论在什么地方，只要我们遇到生命，我们就发现生命是和某种蛋白体相联系的，而且无论在什么地方，要是我们遇到不处于解体过程中的蛋白体，我们也无例外地发现生命现象。

按照化学成分来说，蛋白质是一个巨大的分子——高分子化合物。它是由成千上万个氨基酸连接而成的。例如，上面提到的烟草斑纹病毒的分子，便是由400万个左右的氨基酸组成的，是分子世界的巨人。

要想从蛋白质中得到氨基酸并不困难：一般只需在蛋白质中加入浓盐酸，加热相当长的时间后，蛋白质便水解为氨基酸。1820年，人们便是把明胶水解得到第一个具有甜味的氨基酸——“甘氨酸”的。在1820—1849年，人们从肌肉纤维的水解中得到亮氨酸，从乳酪的水解中得到酪氨酸。接着，人们又从头发水解中制得胱氨酸，从豆芽水解中制得天门冬氨酸；此外，还制得脯氨酸、谷氨酸、蛋氨酸、色氨酸、苏氨酸等重要氨基酸。

尽管蛋白质的种类成千上万，然而，氨基酸的种类并不多，到目前为止，还只发现30多种。

氨基酸的分子结构十分特殊，它的一头是碱性含氮的“氨基”，另一头却是酸性的“羧基”，因此，它是两性化合物，既能和酸作用，又能和碱作用。也正因为这样，许多氨基酸分子的氨基和羧基之间，可以彼此结合，从而构成巨大的分子——蛋白质。

大多数纯净的氨基酸都是白色的结晶体，易溶于水。氨基酸的味道，大都比较鲜美。猪肉、鱼在煮了之后，汤的味道之所以比较鲜美，便是由于煮的时候，鱼和肉中的蛋白质部分水解成氨基酸，溶解在汤里。人们日常用的“味精”，就是氨基酸——麸氨酸（又叫谷氨酸，常用的是它的钠盐）。

肉、鱼等蛋白质进入人体以后，在胃里受到胃蛋白酶的作用，同样也是水解成氨基酸，然后才被肠壁吸收。

人工合成氨基酸并不困难。现在，甘氨酸、色氨酸等，都已有了工业规模的生产。

蛋白质是由氨基酸构成的，然而，用氨基酸去合成蛋白质，却并不容易。因为：第一，蛋白质有个怪脾气——变性。蛋白质一受热，受紫外线照射或者化学试剂作用，如丙酮、乙醇、铜盐、脲、碘化钾、三氯乙酸等，立即凝固而变性，并且常常不能再重新变回原状。例如，要想把鸡蛋凝固，只要放在开水里一煮便成了；但是，至今世界上还没有一个人能够把凝固后的鸡蛋重新变回液态。蛋白质的变性，给合成工作造成了许多困难。这等于说，在合成时，不能加热，不能使用许多能使蛋白质凝固的试剂，然而，有时却不得不用这些化学试剂。第二，更困难的是，蛋白质是构造非常复杂的高分子化合物，它是由成千上万个不同种类的氨基酸组成的；而这些氨基酸在蛋白质分子中，又是以严格的次序结合的，要想人工合成它，必须按照这严格的次序，把一个个氨基酸连接起来。

例如，猪的肾上腺β-促皮激素分子中，各种氨基酸的排列次序如下[①]：

丝—酪—丝—蛋—谷—组—苯—精—色—甘—苏—脯—缬—甘—苏—苏—精—精—脯—缬—苏—缬—酪—脯—精—甘—丙—谷—精—谷—壳—丙—谷（NH_2）—丙—苯—脯—亮—谷—苯

① 除苯为苯丙氨酸外，“丝”即丝氨酸的简称，“酪”即酪氨酸的简称，余类推。NH_2 为氨基。——作者注

从这个例子中可以看出，蛋白质的分子是多么严密而又复杂。像β-促皮激素这样的蛋白质激素，还算是比较简单的蛋白质。至于更复杂的蛋白质，不仅是分子更大，氨基酸更多，而且分子结构也不是直链状，而是环状或者立体形状（球状、圆筒状、螺旋状等）。

蛋白蛋的合成固然困难，但是，合成蛋白质具有极为重要的意义。正如恩格斯所指出的：如果化学有一天能够用人工方法制造蛋白质，那么这样的蛋白质就一定会显示出生命现象，即使这种生命现象可能还很微弱。人工合成蛋白质，就是“说明生命是怎样从无机界中发生的”。它将从根本上推翻“上帝创造人”“上帝创造生命”之类唯心主义的谬论。只要把蛋白质的化学成分弄清楚，化学就能着手制造活的蛋白质。

人们知难而进。为了打好人工合成蛋白质的基础，首先从合成蛋白质的“碎片”——多肽入手。

多肽是由氨基酸组成的，氨基酸彼此间以肽键相结合。两个氨基酸以肽键相结合，叫二肽。三个氨基酸以肽键相结合，叫三肽……多肽与蛋白质之间并没有一条明显的界线。蛋白质就是由多个氨基酸缩合而成的多肽体。蛋白质的分子量一般在十几万到数百万不等。

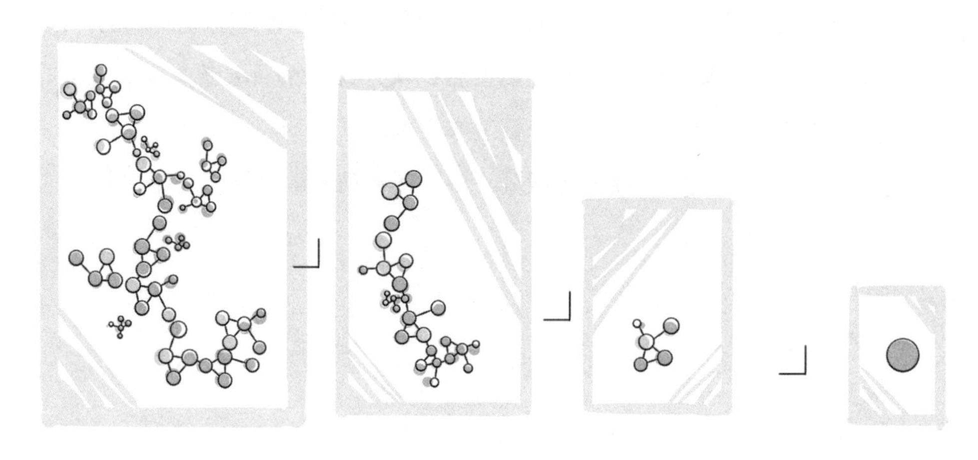

把蛋白质水解，可以得到多肽。例如，把蚕丝谨慎地水解，可得到一个由甘氨酸和丙氨酸组成的二肽。在自然界中，也存在着许多多肽。如谷胱甘肽，就是由谷氨酸、半胱氨酸和甘氨酸以肽键相结合组成的三肽。

用氨基酸可以合成多种多肽。据计算，用 10 种不同的氨基酸，可以合成 3000 多万种多肽！

1901 年，人们首先合成了十八肽，全称为“亮氨酰三甘氨酰亮氨酰八甘氨酰甘氨酸”。

也就是说，它是由 3 个亮氨酸和 15 个甘氨酸这样 18 个氨基酸组成的多肽。这个十八肽，虽然所含的氨基酸数目较多，但由于只包括两种氨基酸，所以它的合成还比较简单。1959 年，中国科学院和北京大学人工合成了结构十分复杂的八肽。这种八肽是从脑垂体后叶腺中分泌的一种激素，叫作“催产素”。催产素是由胱氨酸、酪氨酸、异亮氨酸、天门冬氨酸、谷氨酸、亮氨酸、甘氨酸和脯氨酸组成的环状分子：

异亮—酪
|　　|
谷—天—胱—脯—亮—甘

催产素能加速子宫的收缩，是一种重要的药剂。我国合成催产素成功不仅为医疗事业增添了一种新药，更重要的是，它标志着我国在合成蛋白质的工作方面，已跨入世界先进行列。

1965 年，我国在世界上第一次人工合成了具有生命活力的蛋白质——结晶牛胰岛素。随后又成功地用 X 光衍射法完成了分辨率为 2.5Å 的猪胰岛素结晶体结构的测定工作。

胰岛素是胰脏里的一种蛋白质激素，它是人体内碳水化合物正常代谢所必需的。如果缺少胰岛素，人就会得糖尿病——血液中葡萄糖含量增高，肝脏的肝糖量下降，大量的糖分和部分酮体（主要是丙酮）从尿中排出。

胰岛素的合成工作，比合成催产素要复杂得多。它是由谷氨酸、酪氨酸、胱氨酸、亮氨酸、苯丙氨酸、天门冬氨酸等十几种氨基酸按一定的次序组成的。我国成功合成胰岛素，是一项重大的尖端科学技术成就。

当然，在蛋白质中，胰岛素的分子还算是比较小的，分子量只有12000左右，并且它的抗拒变性的能力较强，不易变性。合成胰岛素的成功，打开了人工制造生命的大门。

“氮荒”

蛋白质是生命的基础，是人所必不可缺的食物。据统计，1—3岁的婴儿每天约需55克蛋白质，4—6岁的小孩为72克，7—9岁的儿童为89克，10—16岁的少年为100克，16—21岁的青年为120克，成年人为130—150克。人每吸收1克蛋白质，在体内氧化后可以产生将近16.74千焦的热量。

许多食物都含有蛋白质，据统计：大米中约含有7.3%的蛋白质，小米为9.7%，豆腐为9.3%，荞麦粉为11.2%，黄豆芽为11.5%，鸭蛋为13.0%、鸡蛋为14.8%，猪肉（去皮）为16.9%，牛肉为20.1%，鸡肉为23.3%，黄豆为39.2%。

到现在为止，人自己本身并不会制造蛋白质，只能把吃进去的一种蛋白质转变为另一种蛋白质。动物和人一样，也不会制造蛋白质。人和动物，都是从植物那里获得蛋白质。即使是专门食肉的老虎，虽然不吃草，然而，它所吃的动物是靠吃草长大的——归根结底，还是从植物那里获得蛋白质。

在大自然中，植物是唯一能够制造蛋白质的“工厂”。它们从根部吸收含氮的化合物，然后，运到叶子上，经过光合作用，制成种种氨基酸，再用氨基酸制成蛋白质。

据统计，每收获1吨小麦，就等于从土壤中摄取25千克氮。全世界的植物在一年之内，要从土壤中摄取4000多万吨氮。在土壤中，含氮的化合物本来已是很少，前面便已经提到过，氮在地壳中含量仅为总重量的0.0046%，然而，再加上人们一年又一年收割庄稼，从土壤中搬走了许许多多含氮的化合物。这样，土壤中的氮当然会越来越少。在19世纪末，英国化学家克鲁克斯[①]便曾宣称："氮的饥荒，将会使人类受到威胁而趋于灭亡。"

人类，真的会因为土壤中的氮越来越少而遭到覆灭吗？不！人们用人工合成氮肥的办法，驳斥了克鲁克斯的"人类灭亡"论。

人，生活在空气中。在1平方千米的地面上空的空气中，就有750万吨氮。然而，人并不能直接从空气中吸收氮气。人们人工地制造含氮化合物——氮肥，来解决全人类所面临着的"氮荒"。自然，首先想到的制造氮肥的原料，就是那取之不尽、用之不竭的空气中的氮气。然而，氮气分子中的两个氮原子结合非常紧，因此，征服氮气的关键，就在于把氮分子拆散。

1913年，人们找到了征服氮气的方法——合成氨法。

在一个氨的分子中，含有一个氮原子和三个氢原子（NH_3）。

合成氨法，是用氮气和氢气作为原料的。这个反应是一个放热反应。反应后生成的产物的体积只有反应前的一半。根据化学平衡理论，这个反应在尽可能低的温度和尽可能高的压力下，可以大大提高产率。

事实证明，理论上的推算是完全正确的。现在，在合成氨工厂里，人们便在10兆帕以上的压力下进行合成氨反应，有的压力达60—100兆帕。压力越高，对反应越有利，但是，压力高了，高压下的氢气很容易透过普通钢板漏掉，因此，反应器必须用特种铬钢或者厚壁铸钢制造。反应的温度，一般以500℃左右为宜。本来，反应温度越低，对化学平衡越有利，可以提高产率，但却会大大降低反应速度，因为温度每下降10℃，反应速度就要降低一半，因此，温度太低不行。然而，温度太高，虽然能大大提高

① 克鲁克斯是化学元素铊的发现者和辐射计的发明者。——作者注

反应速度，但会大大降低产率。为了解决产率和反应速度的矛盾，人们选取了较适宜的反应温度。

另外，为了加快反应速度，还采用了各种催化剂。最初，人们是用锇和钌作催化剂，然而，这两种金属价格昂贵，不适宜于工业生产。后来，人们才找到了又好又便宜的催化剂——加有0.5%氧化铝、0.5%氧化钾的金属铁粉。

合成氨是用空气、水和煤作为原料的。当水通过炽热的煤层时，水便和煤炭作用，生成氢气和一氧化碳的混合物——水煤气。然后，再让所得到的氢气和空气中的氮气在500℃、10兆帕以上的压力和铁催化剂的作用下，制得氨。

化学，终于征服氮气。

支援农业

氨，在常温下是无色而有剧臭的气体。在冰棍厂里，当冷气机的管子偶尔漏气时，便会从里头跑出一种极臭的气体，那就是氨。氨对呼吸系统和眼睛都有强烈的刺激作用，眼睛遇上浓氨，会不住地流泪。

氨是非常容易液化的气体。在常压下冷却到－33.4℃，或者在常温下受到0.6—0.7兆帕的压力，它都会液化成无色透明的液体。氨液化时，要吸收大量的热，每克吸收1368.8焦热。在冷气机中，便正是利用氨的这一性质，把它作为冷冻剂。在－77.7℃，液态氨还会进一步凝结为白色的晶体。

氨又是极易溶解在水里的气体，在0℃和0.1兆帕的压力下，1体积水竟能溶解1148体积的氨。

在水里，氨和水作用，生成弱碱氢氧化铵。在浓的氨的水溶液中，大约75%的氨都和水作用变成了氢氧化铵，其余约25%的氨仍保持游离状态。在低温时，氨还能和水形成水化物，呈白色结晶析出。

有趣的是，在纯氧中，氨居然能够像煤气一样燃烧。在燃烧时，氨和氧气化合，变成氮气和水，如果用铂作催化剂，则生成一氧化氮和水。这个反应非常重要，因为一氧化氮能够进一步氧化成二氧化氮，然后和水化合，变成硝酸。现在，便是用这个方法来制造硝酸的。

氨不仅是制造硝酸的原料，而且是制造氮肥的原料，是支援农业的一支生力军。

氨含有氮，在化肥厂里，人们便是利用氨和酸类反应，制成硫酸氢铵、氯化铵、碳酸铵、硝酸铵、磷酸铵等，这些铵盐施到地里以后，作为氮肥，把氮供给庄稼。在这些氮肥中，要算硫酸铵用得最多了。硫酸铵俗名叫“肥田粉”。纯净的硫酸铵是白色的结晶，看上去和食盐差不多。不过，由于制造方法不同，常见的硫酸铵的颗粒有粗有细，并且由于含有一些杂质，颜色有白、灰、黄、红之别。在农业上不需要太纯净的硫酸铵，尽管这些硫酸铵的粗细、颜色不尽一致，但它们的肥效都差不多。

硫酸铵含有很多氮，100千克硫酸铵里就含有20.5千克氮。折算起来，1千克硫酸铵的含氮量相当于3千克豆饼、30—50千克人粪尿或者40—50千克厩肥的含氮量。

由于硫酸铵是酸性的盐类，施多了，会使土壤变酸，庄稼长不好。解救的办法是往田里再施些石灰，因为石灰是碱性的，可以中和酸性。但是，千万不要把硫酸铵和石灰混在一起施，应该分开施！如果混在一起，石灰的碱性很强，会赶跑硫酸铵中的氨，使肥效降低。分开施，由于石灰撒到田里以后，比较分散，碱性不强，也就不会降低硫酸铵的肥效了。

另外，像氯化铵、硝酸铵、硝酸铵钙、碳酸氢铵等，也都是常用的氮肥，它们都是白色的晶体，很容易溶解于水，尤其是硝酸铵和氯化铵，极易溶解，会被雨水冲失，因此，不宜在水田里施用，人们常常用硝酸铵钙来代替它们。

俗话说："粪似金，尿似银。"人尿、牲畜尿，在农业上一直被视为宝贵的氮肥。它们之所以能够作为氮肥，主要是尿中含有尿素——碳酸酰胺。现在，人们在化肥厂里，用氨和二氧化碳作原料，也能大量制造尿素。尿素，是重要的氮肥之一。不过，尿素不能直接被庄稼吸收，在土壤中，尿素受到细菌的分解，变成碳酸氢铵，这样，才能被庄稼吸收。

自从发明了合成氨法以后，氮，发生了多么巨大的变化——从"无用的空气"，一跃而成重要的工业原料，成为支援农业的生力军。

奇妙的根瘤菌

只有在化学和化学工业迅速发展起来以后，人类才用化学方法征服了氮气，把氮气制成了氮肥。然而，早在人类征服氮气之前，土壤中的一种奇妙的微生物——根瘤菌，已能够直接从空气中吸收氮气，把它变成氮肥。

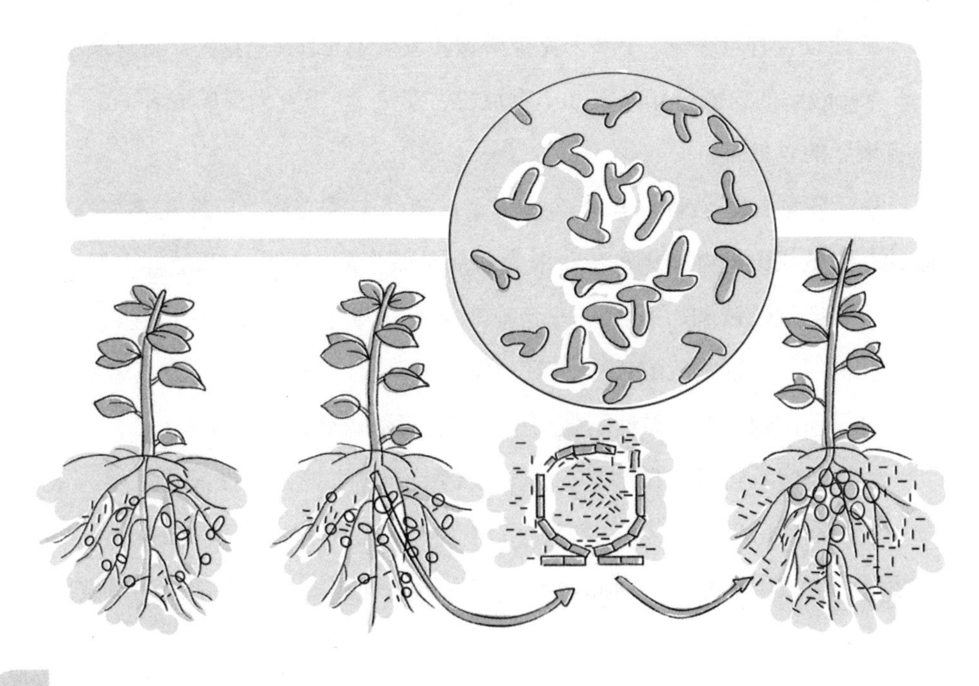

你拔起一棵大豆看看，在它的根上，长着一个个圆鼓鼓的瘤子，这就是根瘤。在 1866 年前，人们发现了在大豆的根瘤里，住着一种细菌——根瘤菌。接着，在 1888 年，进一步发现了根瘤菌能吸收空气中的氮气制造氮肥的奇妙本领。于是，根瘤菌引起了人们的重视。在显微镜下不难看清楚这些奇妙的根瘤菌的样子，有的像皮球，也有的呈“Y”形或“T”形。

本来，大豆根并没有一个个隆起的瘤子。可是，在土壤里，它们很快就会遇上根瘤菌。根瘤菌侵入大豆根以后，会刺激根里的细胞加快分裂，结果凸出来形成瘤子。这瘤子，成了根瘤菌的“宿舍”，也成了它制造氮肥的“车间”。

平常，根瘤菌从大豆根里吸收一些养料——糖类而生活。

大豆则从根瘤菌那里吸收很多氮肥，使自己的树叶长得碧绿繁茂。它们俩互相帮助，在生物学上被称为“共生生物”。

不光是大豆根上会长根瘤，许多豆科植物，像绿豆、豌豆、菜豆、花生，都会长根瘤。根瘤菌给人们帮了不少忙：每亩豆类作物的田里的根瘤菌，一年能从空气中吸收 7—27 千克氮气，把它制成氮肥。

正因为这样，豆类作物的田里，常常不需施氮肥，或者只需施少量氮肥就够了。不仅如此，种过一年豆类作物的田，虽然豆类作物死了，根瘤菌绝大部分也死了，但是，根瘤菌所制造的氮肥，往往还有一大部分遗留在田里。这样，如果接着再种稻麦，稻麦自然会长得好一些。在农业上，人们就常常在一块田里轮换着种豆类作物和其他作物，以提高产量，这叫“轮作法”。我国北魏贾思勰著的《齐民要术》一书里，便记载了这样的事：种了豆类作物以后，田会变肥。把豆类和谷物轮作，可以增加谷物的产量。

由于根瘤菌对农业有这样大的好处，人们设立了专门的工厂，用富有营养的培养液，大量培养根瘤菌，制成了“细菌肥料”，施到田里。这些细菌肥料的化验单上，虽然明明写着“不含氮”，但是由于根瘤菌能够制造氮肥，因此施到田里以后，经过根瘤菌们的“辛勤”劳动，同样能增加土壤中的氮肥，使庄稼高产多收。

根瘤菌并不需要复杂的设备，便能用空气中的氮气作原料，制造氮肥。现在，人们正在努力研究根瘤菌的固氮机制。据估计，这很可能是由于根瘤菌体内存在着一种奇妙的生物催化剂，使氮气直接变成了氮肥。不过，人们对这种生物催化剂的结构、催化机制都还很不清楚。在不久的将来，当揭开了根瘤菌的秘密以后，人们便可以在工厂中大批地人工合成这种生物催化剂，然后用这种生物催化剂，简单、迅速地大量以空气中的氮气作为原料生产氮肥。

雷雨和氮气

在“氧气”一章里，已经讲过雷雨时空气中的一场化学反应：氧气变成臭氧。其实，与此同时，空气中还发生了另一场化学反应，给大地送来了珍贵的氮肥。

让我们先来看看一个小瓶里的雷鸣电闪：在一个小瓶里装上两根粗铜丝，当作电极。把电极接在高压电源上，于是，铜丝间就有电火花在闪烁——权且充当天空中的“闪电”吧。

这是一个很简单的实验，什么药品都用不着，因为你所需要的空气中的氮气和氧气，早就自动地跑进瓶里去了。

通电以后，你可以看见，一团黄色的火焰在电极间跳跃。不久，瓶子里便开始弥漫着一种红棕色的气体。如果你稍稍闻一下，就呛得厉害。

这是一场化学反应：氮气在氧气中“燃烧”，变成了红棕色的二氧化氮。二氧化氮具有强烈的刺激性臭味。它很容易液化。在22.4℃就成为呈红褐色的液体。如果把这液体冷却，它的颜色就会渐渐变淡，最后变为无色，在－11.2℃凝结为无色的结晶。这是由于二氧化氮在低温时，两个分子相聚而成为无色的四氧化二氮的缘故。

二氧化氮是非常强烈的氧化剂，碳、硫、磷等在二氧化氮中，很容易起火。许多有机物的蒸气和二氧化氮混合后，甚至一见火星就猛烈地爆炸。

氮气“燃烧”后生成的产物，是这样的奇妙。然而，当你把电闸关上，取下瓶子，往瓶里倒点水看看，就会发现：那红棕色的二氧化氮忽然不见了。原来，这又是另一场化学变化：二氧化氮溶解在水里，变成了硝酸和亚硝酸。

不过，亚硝酸很容易被空气中的氧气继续氧化，变成硝酸。

在大自然里，一个闪电产生的电火花，常常长达几十千米。请想想，那时候该有多少氮气在氧气里燃烧，生成多少二氧化氮啊！生成的二氧化氮很快就溶解在雨滴里，变成硝酸，再落到土壤里，即变成了硝酸钠等硝酸盐，成了珍贵的氮肥。

据估计，每年因雷雨而落到大地上的氮肥，竟有4亿吨！

其实，氮的氧化物，不止二氧化氮一种。硝酸铵加热分解，会产生一氧化二氮；在高温下，氮气能和氧气直接化合成一氧化氮；把硝酸逐滴加于三氧化二砷或把硝酸和淀粉共热，可以得到三氧化二氮；用臭氧氧化二氧化氮，或者用五氧化二磷使浓硝酸脱水，可以得到五氧化二氮。

这五种化合物，虽然都是由氮和氧两种元素所组成的，但是，由于氮、氧结合的比例不同，性质也大不相同。

一氧化二氮在常温下是无色的气体，在－89℃成液体，而在－91℃凝成固体。

一氧化二氮是无色具有微甜气味的气体，对人有特殊的麻醉作用。人多嗅了以后，会大笑起来，不能自制，因此，通常被称为“笑气”。在18世纪，人们曾把一氧化二氮用作麻醉剂。

在那时的外科手术室里，常常可以听见一阵阵歇斯底里的狂笑声。

一氧化二氮是空气的恒定组成部分之一。据精确测定，普通空气中总含有二百万分之一（按体积计算）的笑气。

一氧化二氮在600℃以上，就分解成氧气和氮气。如果把铁丝放在一氧化二氮同氧气或氨混合气体中加热，会引起剧烈的爆炸。如果把烧着的木片放入一氧化二氮，木片烧得比在空气中更旺。一氧化二氮能够助燃，但不能帮助呼吸。

一氧化氮也是无色的气体。它很难液化，在－151.8℃才变成蓝色的液体，在－163.7℃结成蓝色的固体。在常温下，一氧化氮就能和空气中的氧气化合，变成红棕色的二氧化氮。一氧化氮在500℃以上才分解为氧气和氮气，因此，微燃的磷在一氧化氮中会熄灭，而旺燃着的磷在一氧化氮中则能继续燃烧。

如果把等体积的一氧化氮同二氧化氮混合，冷却到－20℃，就得到蓝色的三氧化二氮液体，冷却到－102℃，就会结成蓝色的三氧化二氮晶体。三氧化二氮很不稳定，在常温下，会分解成一氧化氮和二氧化氮。三氧化二氮能同水作用，生成亚硝酸，因此被称为“亚硝酐”。

至于五氧化二氮，在常温下就是无色的晶体，在30℃融化。五氧化二氮是很强的氧化剂，很多有机物和它混合就会发生爆炸。五氧化二氮能溶于水，形成硝盐，因此被称为“硝酐”。

正因为这样，五氧化二氮晶体放在空气中，很快就会吸水而潮解。

硝　　酸

硝酸，在我国清末的一些化学书籍中，常被称为“硝镪水”，以“镪”形容它的强烈腐蚀性，以“水”形容它的状态。至今，还有人沿用这个名称。

硝酸，是“三大强酸”——盐酸、硫酸、硝酸之一，是氮的重要化合物，也是一种极为重要的工业原料和化学试剂。

早在17世纪，人们已经会制造硝酸。不过，那时是用稀少而昂贵的智利硝石——硝酸钠和浓硫酸共热，来制造硝酸。这样，硝酸的生产量就很有限。

在1905年，挪威首先用氮气在电弧中“燃烧”生成二氧化氮，让二氧化氮再溶解在水里制成硝酸。这个办法解决了硝酸大量生产时的原料问题，仅需要空气和水作原料便足够了，但是，要消耗大量的电能。自然，这方法只能在水力发电非常发达的地方才能采用。现代化的生产硝酸方法，就是前面提到过的铂催化剂存在下使氨燃烧，生成一氧化氮；再使一氧化氮和氧气化合变成二氧化氮，溶于水制成硝酸。自然，这个方法只在发明了合成氨法以后，才有了大量生产的可能。

纯净的硝酸是无色的液体，密度1.522，熔点−41.5℃，沸点84℃。不过，常常会发生这样的现象：一瓶纯净的浓硝酸，瓶塞塞得严严的，一次都没有使用过，然而硝酸却是黄色的。

有人就以为这硝酸一定含有很多杂质。其实，这黄色的硝酸仍是非常纯净的硝酸。只是因为浓硝酸在受光线照射或者受热后，很易分解，放出红棕色二氧化氮。这二氧化氮重新又溶解于硝酸，于是，使得硝酸的颜色变黄。这溶解在硝酸里的二氧化氮，并不影响硝酸的纯度，况且，当二氧化氮再遇上水时，又会重新变成硝酸。

硝酸能以任何比例和水混合。如果把硝酸的水溶液加热，那么，经过一定时间后，它的沸点一直保持在121.8℃，密度则为1.410。这就是水和硝酸组成的恒沸点溶液，不论原先的溶液多浓或多稀，一旦沸点保持为121.8℃（在0.1兆帕）时，它的成分便是固定不变的，硝酸的浓度永远是69.2%。我们平常所用的“浓硝酸”，就是这样的恒沸点硝酸。

硝酸能够强烈地腐蚀衣服、皮肤。虽然浓盐酸、浓硫酸也能强烈地烧伤皮肤，然而，浓硝酸腐蚀性更强，如果它滴在皮肤上，不立刻用水冲干净，那么，皮肤上就会留下黄斑，疼几个月才能痊愈。

硝酸是强酸。1体积的硝酸和3体积的盐酸混合物叫作“王水”。它能够溶解金、铂，是由于硝酸氧化了盐酸，产生游离的氯，游离的氯具有活泼的化学性质，能和金、铂等化合形成氯化物，使它们溶解。

不过，也有这样非常矛盾的事情：稀硝酸可以在几分钟内把铁皮、铝锅腐蚀得稀烂，但是，硝酸厂里的浓硝酸，却居然用铝盆、铁罐去盛！这是为什么呢？原来，浓硝酸具有强烈的氧化能力，能够使铁和铝的表面氧化，形成一层抗蚀的膜，防止内部的金属进一步被腐蚀。在化学上，这叫作“钝化”。至于稀硝酸，则只具有较强的酸性。人们用具有一定还原性的盐酸来溶解矿物（它们大都是氧化物），而几乎不用浓硝酸来溶解矿物。把铁矿——氧化铁，放在盐酸中，不到5分钟便全部溶解了，但是，用浓硝酸煮一天，还是溶解不了。

浓硝酸不仅能氧化金属，而且还能氧化许多有机物。把松节油倒进浓硝酸里，就会立即起火。

在工业上，硝酸是制造炸药、染料和药物的重要原料。

炸药的“主角”

现在，炸药的品种已经有几百种，然而，其中大部分都是氮的化合物。例如，著名的黑色火药、硝化纤维、硝化甘油、梯恩梯、甘汞、叠氮化铅，都含有氮。

黑色火药，是最古老的炸药，是硫黄、木炭和硝酸钾的混合物。

关于谁最先发明黑色火药，曾有过一场激烈的争论。德国人说，黑色火药是德国的威尔斯发明的；法国人说，是法国的马哥发明的；而英国的《大英百科全书》，从第 11 版到第 14 版，都说黑色火药是英国的培根发明的。其实，黑色火药是我国人民最早发明的，是我国古代的四大发明之一。据考证，早在唐朝，我国学者孙思邈便谈到火药是用二两硫黄、二两硝石加三个皂角子制成的。至今，埃及人还把制造黑色火药用的硝酸钾叫作“中国雪”，而波斯（今伊朗）人则称它为“中国盐”。

严格地说，干燥的黑色火药并不完全是“黑色”的，而是蓝黑色或灰黑色的。只有吸水以后，才是深黑色的。一般的黑色火药是黑色的，便是含有一定水分的缘故。好的黑色火药，应该是很干燥的，不会沾在手上，把它从 1 米高的地方撒到纸上，再把纸拿起来轻轻一抖，纸上的黑色火药粉末便全被抖掉了。

现在常用的黑色火药，是按照这样的重量比例混合而成的：硝酸钾（也有的用氯酸钾）75％，木炭粉 15％，硫黄 10％。

在黑色火药中，木炭、硫黄都是极易燃烧的东西；而硝酸钾是个氧气的“仓库”，受热后极易分解，放出大量的氧气。点火后，木炭、硫黄和硝酸钾便在百分之几秒之内迅速反应，生成大量的气体——氮气和二氧化碳，同时放出大量的热，于是，体积一下子猛增 1000 倍左右，形成了爆炸。

黑色火药现在被用来制造导火索、爆竹。由于它很便宜，制作又容易，所以也用它开矿、挖渠、开凿隧道。由于它的爆炸能力还不算很大，在军事上，现在几乎不用它了，而是使用硝化纤维、硝化甘油和梯恩梯等烈性炸药。

硝化纤维是在 1846 年用硝酸和硫酸混合液处理棉花制得的，硝化甘油也是在 1846 年用硝酸的混合液处理甘油制得的。梯恩梯的化学成分为三硝基甲苯，是在 1880 年用硝酸和硫酸的混合液处理甲苯制得的。

在这里，所用的都是硝酸和硫酸的混合液，其实，起主要作用的是硝酸，它和纤维素、甘油、甲苯起硝化反应，生成硝基化合物，而硫酸在这里是起着催化剂和吸水剂的作用。

这三种炸药，由于它们的分子在硝化反应中，都加入了新的基团——硝基，而硝基正是氧的“仓库”，爆炸时，在短短的十万分之一秒以至百万分之一秒，便可完成化学反应——硝基放出氧，使其他基团氧化、燃烧，产生大量的气体和热量，使体积猛增几万倍。这样，它们的爆炸能力便远远超过了黑色火药，而成为现代最重要的炸药。

硝化纤维常常和硝化甘油按 7∶93 的重量比混合，制成胶状、半透明的黏稠液体——“达那马特”使用。达那马特是目前威力最大的烈性炸药之一，它是著名的瑞典化学家诺贝尔在 1875 年发明的。

有趣的是，如果用樟脑和酒精的混合液处理硝化纤维，这烈性炸药可以变成有名的塑料——赛璐珞（硝酸纤维素塑胶）。X 射线软片、乒乓球和许多玩具，便是用赛璐珞做的。

梯恩梯是根据三硝基甲苯英文名称的三个开头字母“TNT”音译而来的，是现代军事上使用最广泛的炸药。由于它是黄色的粉末，因此，又叫“黄色炸药”。不过，它受到阳光照射以后会变成茶褐色，因此，又有人称它为“茶褐炸药”。

梯恩梯之所以被广泛使用，是由于它具有极为难得的优良性能。它是一种“温和”的炸药。在平常，它的性能非常稳定，以至用子弹打穿它的时候，它都不会爆炸。如果把梯恩梯平铺在地面上，让上面有充分的空间，那么，点燃以后它能安静地燃烧，就像燃烧木屑一样。然而，炸药光是“温和”那还不行，当人们需要它起爆时，它还必须能猛烈爆炸。梯恩梯在起爆后，一点也不“温和”，1 千克的梯恩梯完全爆炸，只消十万分之一秒，体积猛增几万倍，产生 1 万兆帕那么大的压力，足以摧毁坚固的碉堡，粉碎巨大的山岩。

正因为梯恩梯既便于人们运输、保存，又便于使用，现在，它大量被用于军事，产量居炸药中的第一位。

此外，化学结构和梯恩梯十分相似的含氮的苦味酸（化学成分为三硝基酚）和特屈儿（化学成分为三硝基苯甲硝胺），同样是十分重要的炸药。

除了液氧炸药以外，几乎所有的炸药都是氮的化合物，就连被称为“第二炸药”的起爆药，也都是氮的化合物。起爆药都是一些非常灵敏的炸药，一受热、碰击、震动，立即爆炸，人们便是利用它们的这一特点，用碰击或点火的办法先使它们爆炸，然后引起炸药包的爆炸。

因此，起爆药实际上起着导火线的作用。

最初，人们找到的起爆药是碘化氮。把碘溶解在碘化钾溶液里，再加入浓氨水，便得到棕色的碘化氮沉淀。碘化氮太敏感了，即使用鸡毛轻轻刷一下都会爆炸，甚至强光，如照相用的镁光灯的闪光，也能引起碘化氮爆炸。显然，碘化氮过于灵敏，不适于制作起爆药。1815 年，终于找到了著名的起爆药，另一种含氮化合物——雷汞。

雷汞，按照化学成分来说，是雷酸汞 $Hg(CNO)_2$。雷汞是一种结晶体，但它有两种变体：一种是白色的，一种是灰色的，二者具有相同的化学性质和爆炸性能。

雷汞的制造并不困难，但务须非常小心：在长颈烧瓶里倒进一些金属汞，再倒入较多的浓硝酸和少量的盐酸，加热后制成硝酸汞。然后，再加进酒精（乙醇），酒精便和硝酸汞作用，生成了雷酸汞——雷汞。

雷汞比碘化氮稍微稳定一些，但是受热或受撞击即爆炸。子弹、炮弹的雷管中便装着雷汞，受撞针撞击时便会爆炸，引起弹药爆炸，把弹头射出。雷汞的爆炸实际上就是一个非常猛烈的化学反应，一分子的雷汞分解后，生成一分子汞、一分子氮气和两分子一氧化碳，同时放出大量的热，使体积在百万分之一秒内突增几万倍，形成爆炸。

雷汞，现在是最重要的一种起爆药。除了雷汞以外，其他常用的起爆药，如叠氮化铅、基特拉辛（化学成分为脒基亚硝氨脒基四氮烯）、斯蒂酚酸铅（化学成分为三硝基间苯二酸铅），也都是氮的化合物。

偶氮染料

氮也是染料工业的“主角”，现在大多数人造染料都是氮的化合物。

人造染料，是在最近 100 多年来才迅速发展起来的。在这以前，人们不得不从大自然获得一点点天然染料：从木兰属植物的叶子和墨西哥的蓝檀树里提取一点蓝色的染料，从海蜗牛、胭脂虫、茜草里提取一点红色染料。紫色染料是从一种地衣植物中提取的，棕色染料来自热带的含羞草和金合欢，而黄色染料则是用古巴的黄檀木作为原料提炼的。

在漫长的五六千年里，人们只从大自然中找到十几种天然染料。为了获得一点点天然染料，人们不得不付出巨大的劳动。古代欧洲腓尼基人为了获取一种紫色的染料，潜入地中海海底去采集海螺，从 8000 个海螺里，只能得到 1 千克紫色染料。在美洲，人们从仙人掌和霸王树上收集又细又小的胭脂虫，从 14 万只雌胭脂虫身上只能提取到 1 千克胭脂红染料。

1842 年，人们开始从煤焦油里提取苯，把它用硝酸硝化成硝基苯，再用硫化铵还原成苯胺。①

苯胺本身虽然并不是染料，但它是许多人造染料的原料。靛蓝，便是用苯胺作为原料制成的。苯胺的译名叫“阿尼林”，这名字来自拉丁语，原意是“蓝色”。

苯胺的制造问题解决了，人们便用苯胺为原料制成许多人造染料。1856 年，人们用苯胺作为原料制成著名的红色染料——品红。同年 8 月，用苯胺作为原料又制成著名的紫色染料——苯胺紫（马尾紫）。1882 年，人们用苯胺制成了被誉为“染料大王”的蓝色染料——靛蓝。

以苯胺为原料制成的染料越来越多，在化学上，它们大都属于“偶氮染料”，因为在制造时，人们总是把苯胺或者苯胺的衍生物进行“重氮化反应”，得到含有偶氮基的有色化合物——偶氮染料。

重氮化反应，是苯胺及其衍生物变为染料的必要步骤，它是在 1858 年发现的，利用亚硝酸或者亚硝酸盐及过量的盐酸，在低温下和苯胺及其衍生物作用生成重氮盐。生成的重氮盐和未反应的苯胺继续发生偶联作用，即得偶氮化合物。

随着取代基的不同，可以得到一系列不同的偶氮化合物。在这些化合物里，由于含有偶氮基，而偶氮基中有两个氮原子之间是以双键相连的，很容易被激发，能够吸收 4000—8000Å 之间的能量较低的可见光。根据光学理论，一种物质一旦吸收了某一波长的可见光，那么，这一物质就会显示颜色。这也就是偶氮化合物具有颜色的原因。

偶氮染料的颜色非常多，是极为重要的一大类染料。

偶氮染料的品种很多，有红、橙、黄、绿、蓝、靛、紫 7 种，从深到浅，样样齐全。

有的偶氮化合物虽然并不被用作染料，但由于能够随着酸碱度的不同

---

① 当时是用硫化铵作还原剂，现在工业上大都采用铁屑或者氯化亚锡，在盐酸中还用硝基苯来制造苯胺。——作者注

而变色，在分析化学上广泛地被用为酸碱指示剂。例如，著名的酸碱指示剂甲基橙，便是偶氮化合物，它在碱性中为黄色，遇酸则变红。

磺胺药物

在19世纪末，人们用苯胺制成了一系列偶氮染料，在染料史上开创了崭新的一页。而在20世纪30年代，更进一步发现，这些偶氮化合物还是很好的药物。这样，氮，又成了药物工业上的重要角色，在药物化学史上写下了崭新的一页。

在20世纪30年代前，人们对于链球菌和葡萄球菌几乎是无能为力的，找不到一种能制服它们的特效药。1933年，有一个医生发现，著名的红色偶氮染料百浪多息居然能杀死链球菌和葡萄球菌，他用这种染料，医好了一个感染了葡萄球菌的婴儿的疾病。但这一发现，当时并未引起人们的重视。

1935年，这件事才引起一些科学工作者的注意，开始进行系统的研究。结果证明，百浪多息之所以能够杀菌，是由于它在人体内能够分解，产生一种比较简单的化合物——对氨基苯磺酰胺，它具有杀菌本领。对氨基苯磺酰胺，简称“磺胺”，它实际上就是百浪多息的一个部分。

这样，磺胺引起了人们的普遍注意，许多人开始研究它，在它的分子上加入各式各样的取代基，然后试验它的杀菌效力。经过短短30年，人们已经制造出8000多种磺胺化合物，其中100多种具有强烈的杀菌作用，有几十种已经被广泛使用，有工业规模的生产。磺胺药物，已经成了最为重要的药物中的一大类，像著名的磺胺吡啶、磺胺噻唑、磺胺嘧啶、磺胺脒、磺乙酰胺等，都是1940年前后接连发现的。众所周知的消炎片，它的主要成分也是磺胺化合物。

磺胺类药物，大都是白色或者黄色的粉末，无臭、无味，放久了颜色往往会变深。磺胺类药物主要是医治各种炎症，如肺炎、脑膜炎、伤口化脓、扁桃体发炎等，这是因为磺胺类药物能够杀死链球菌、脑膜炎球菌、肺炎球菌、淋球菌、葡萄球菌、大肠杆菌、痢疾杆菌等。

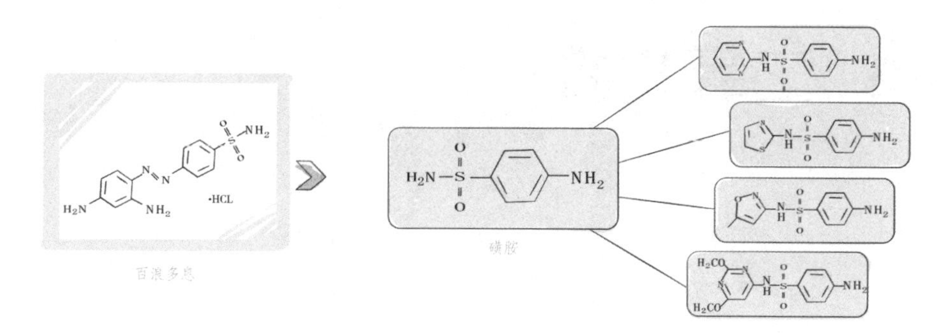

百浪多息

磺胺

也许你会发现，医生在开处方时，常有这样一个规律：他在给你吃磺胺药物的同时，总是给你吃一些小苏打（即碳酸氢钠），并嘱咐你多喝水。这是为什么呢？

原来，磺胺类药物吃进以后，常在人体内生成对氨基苯磺酰胺的衍生物，这种化合物的溶解度比较小，会在肾脏及尿道中形成结晶，引起对肾脏的刺激和血尿、尿闭等症。多喝些水，再吃点小苏打，能够帮助它溶解，消除副作用。

另外，磺胺类药物在服用时，也必须注意按医生所指定的剂量服用，并不是吃得越多杀菌效力越好。吃得太多，有时反而会损害人体的健康。

短短的 100 多年时间，人们从不认识氮到认识氮，氮从“无用的空气”到成为肥料、炸药、染料、药物工业的“主角”。

随着生产向前发展，随着科学技术进步，氮的用途将会越来越广泛，特别是人工合成蛋白质，将会成为人类揭开生命之谜的钥匙。

4 二氧化碳

二氧化碳的发现

现在，大家都已知道，在空气中到处都有二氧化碳。如果有人问："煤燃烧后到哪儿去了?"你一定会回答："变成了二氧化碳。"

然而，人们认识二氧化碳并不算太早，而且最初也并不是从空气中发现二氧化碳的。二氧化碳是苏格兰化学家卜拉克发现的。在 1755 年，卜拉克正埋头于研究白垩（即碳酸钙），他发现，如果把白垩加热灼烧，它就会变得十分疏松，并且重量将减轻 44%。

白垩为什么会变轻呢? 卜拉克猜想：也许是在加热时，白垩分解了，放出一种气体，跑到空气中去了。

为了进一步证明自己的推测，卜拉克做了这样的实验：他把白垩灼烧后所得的生石灰放到水里，得到了澄清的石灰水，在空气中静置几天，他发现石灰水变浊了，产生许多白色的沉淀。他把这些白色的沉淀滤出来，证明这些白色沉淀原来就是白垩。

于是，卜拉克便得出结论：白垩受热会分解放出一种气体。空气中就含有这种气体，石灰水吸收了这种气体，又会重新变成白垩。

卜拉克把这种气体，称为“固定空气”，意思是说，这种“空气”能够被“固定”在白垩之中。

接着，卜拉克还发现，当白垩和酸作用时，也能放出这种“固定空气”，并测定了它的密度和在水里的溶解度。卡文迪许指出：“固定空气”比空气重，它的重量是同体积的空气重量的1.57倍（现在的精确测定结果是1.53倍）；在12.7℃时，1体积的水能溶解1体积多的“固定空气”。

此后，他发现，啤酒在发酵时也能放出“固定空气”。1774年，法国化学家拉瓦锡，又在加热氧化铅和木炭粉时得到一种气体，并证明这种气体也是“固定空气”。

“固定空气”的来源是这样多，这样普遍，然而，“固定空气”究竟是什么，它的化学成分怎样，这些谜直到1820年才被揭开。瑞典化学家贝采利乌斯和法国科学家杜隆精确地测定了“固定空气”的百分组成，证明它是由27.65％的碳和72.35％的氧结合而成的。

至此，二氧化碳之谜才真相大白。

奇怪的峡谷

在爪哇的毒谷和意大利靠近那不勒斯的地方，有一种奇怪的峡谷：当人领着狗走进峡谷时，狗很快就晕倒了，人却安然无恙。然而，当人弯下腰去救自己的狗时，人也头晕了。在德国的威斯特法伦州，也有一个奇怪的沼泽，人在那儿走动没关系，可是，当鸟儿跳到地面上来寻食时，却会倒下去死掉。

这是为什么呢？原来这是二氧化碳在作祟。

二氧化碳是一种看不见、闻不出的窒息性气体。在空气中，按体积计算，二氧化碳平均约占万分之三；按重量计算，则占万分之五。在稠密的工业区，空气中的二氧化碳的含量，可占总体积的万分之七。空气中所含的万分之几的二氧化碳，对人体的影响并不大。然而，如果空气中二氧化碳含量增大到10％，就能使人丧失知觉，在半小时内因呼吸停止而死亡；如果增加到20％，那么人的神经中枢就会在几秒钟内瘫痪，人会晕倒，几分钟内便窒息而死。这是因为在呼吸时，二氧化碳由肺部进入人的血液，血液里的二氧化碳一多，血里的碳酸盐便变成重碳酸盐，破坏了血液的正常成分，使血压变高，神经中枢麻痹，呼吸和脉搏变慢，最后使人窒息而死。

在爪哇、意大利那奇怪的峡谷中，地面附近空气里的二氧化碳含量在14％以上，而德国那奇怪的沼泽上的空气，二氧化碳含量达8％，很明显，小狗、小鸟会死亡，便是由于二氧化碳在空气中的含量太高的缘故。

然而，为什么人站在那儿没关系，一弯下腰却会晕倒呢？

这是因为二氧化碳比空气重。在化学上，如果你想判别一种气体到底比空气重还是比空气轻，那很容易，只需查一下这种气体的分子量是多少就行了。因为空气的平均分子量是29，如果这种气体的分子量比29大，那么它就比空气重；反之，它就比空气轻。氯气的分子量是71，它就比空气重。二氧化碳的分子量是44，当然它也比空气重。据测定，1升二氧化碳的质量是1.977克，也就是说，它的标准状况，即一个大气压和0℃条件下的密度是0.001977克/毫升，差不多是同体积的空气的1.5倍重。

正因为二氧化碳比空气重，所以，在那些奇怪的峡谷、沼泽里，二氧化碳总是聚集在靠近地面的地方。狗、鸟比人矮得多，首先吸进大量的二氧化碳，所以很快窒息；当人弯下腰来，也吸进大量二氧化碳，自然也就晕倒了。

我们还可以做一个实验，来进一步证明这件事。

你预备两个杯子，在一个杯子里放一些碳酸钠，在另一个杯子里，点燃一长一短两支蜡烛。你往装着碳酸钠的杯子里倒进一些盐酸，这时，盐酸会立即与碳酸钠猛烈地发生化学反应，生成大量的二氧化碳。这时，你迅速地把杯子拿起来，像倒水似的，把杯子里的气体（不要把反应液倒出来）倒进点着蜡烛的杯子里。这时，你可以清楚地看到，那支短的蜡烛很快就熄了。不久，随着倒进的二氧化碳量的增多，那支长的蜡烛也熄灭了。

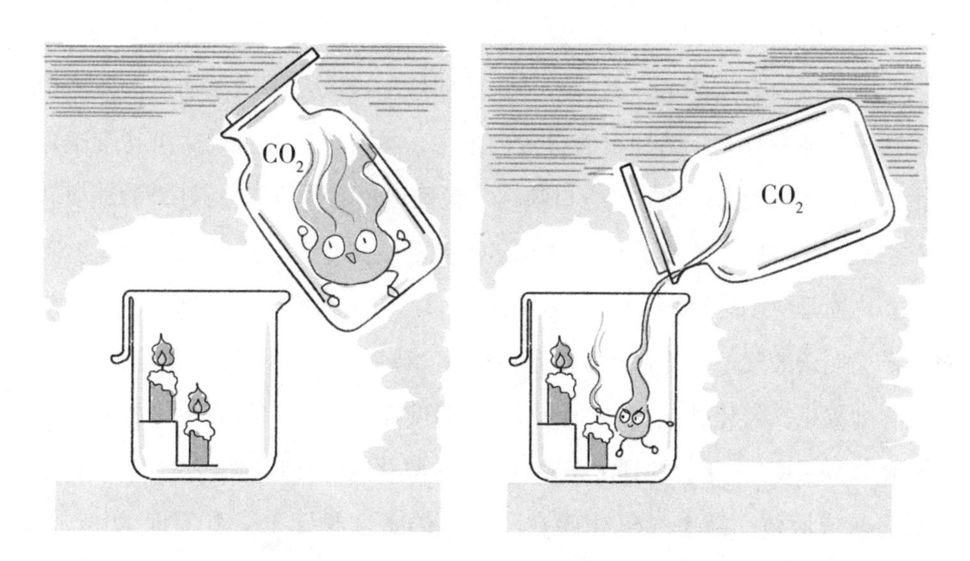

原来，二氧化碳不仅不能帮助呼吸，也不能帮助燃烧。这个实验清楚地说明，二氧化碳的确比空气重，居然可以像倒水似的，从一个杯子倒进另一个杯子。

在大自然中，当火山爆发时，从火山口喷出来的气体，除了含有少量的硫化氢等气体外，主要就是二氧化碳。世界上著名的活火山，意大利的维苏威火山，美国阿拉斯加的卡特迈火山、埃特纳火山，便经常往外喷二氧化碳。这些喷出的二氧化碳，便沿着山坡像小溪一样往下流，因此这些火山附近是不能住人的。如果要到火山去探险，必须携带氧气囊才行。

“水手 2 号”宇宙飞船探测证明，我们在夜晚所看到的最大、最明亮的一颗星——金星，它的大气层中有 97％是二氧化碳。

干　冰

在降温、加压以后，二氧化碳能变成无色透明的液体，以至白色的固体。

在美国的得克萨斯，有一次，几个地质勘探队员去勘探油矿。他们用钻探机往地下打孔，钻到很深很深的地方。突然，地下的气体以几百千克的压力从孔里冲出。顿时，管口喷出一大堆白色的“雪花”。好奇的地质队员们上前滚雪球，结果手上不是起了泡就是变黑了。原来，那“白雪”不是雪，而是“干冰”。干冰不是水凝结成的，而是二氧化碳凝结成的。二氧化碳又叫碳酸气，因此，干冰又常被称为“碳酸雪”。

如果把二氧化碳装在一个钢筒里，温度保持在31.1℃以下（二氧化碳液化临界温度），压力加到7兆帕以上（二氧化碳液化临界压力），二氧化碳就会变成液体。液态二氧化碳在－60℃的密度是1.19，20℃时为0.77，31℃只有0.47。

如果温度更低一些，液态二氧化碳便凝结成雪花般的白色结晶——干冰。干冰的温度很低，只有－78.5℃。如果你把普通的冰放在房间里，在室温下，它很快就会融化成水。要是你把干冰放在房间里，它很快就会不翼而飞，一点痕迹也留不下来，这是因为它早就气化成无色无味的二氧化碳，弥散于空气之中。如果你松松地把干冰放在手中，并不会感到冷，这是因为干冰在手上很快就升华了，在手和干冰之间形成一层二氧化碳气体，把手和干冰隔开。然而，如果把干冰紧紧压在手上的话，那么，皮肤很快就会被冻伤，出现一块块黑斑。上面讲的那些勘探队员们，便是因此而把手冻伤的。

在实验室里，是用这样的方法制造干冰：缝一个双层的布袋，夹层放一些棉花。把布袋紧缚在装二氧化碳的钢瓶的出气口。然后，用钳子拧开出气口的螺旋盖，一股强大的二氧化碳气流便冲了出来。由于压力突然减少，这时便发生在“液态空气”一节里讲过的情况，大量吸热，周围温度急剧下降，使袋里的二氧化碳凝结成干冰。不到 5 分钟，当你关上出气口、解下布袋时，就可以看到袋里已是满满一袋洁白晶莹的干冰了。美国得克萨斯的“白雪”，也正是由于地下大量二氧化碳从孔里冲出，压力突降，急剧吸热，变成了干冰而形成的。

在工厂里，则是利用液态空气来冷却二氧化碳，制成干冰。所用的二氧化碳，大都是从其他工厂炉子的废气中取得的。让废气通过一个装有碳酸钾溶液的吸收塔，在高压下，碳酸钾溶液能够很好地吸收二氧化碳。吸收后，再减压、加热，碳酸钾溶液又会把二氧化碳放出来，供制造干冰用。最初制得的干冰，都是很疏松的，需要压成一块块才好包装。工业上，每块干冰约重 18 千克，有的呈长方形，有的呈圆柱形，包装在纸袋里。

干冰有许多用途。在夏天，饭容易馊，鱼容易臭，菜和水果容易烂，油也容易变质。这都是由于细菌在捣乱。人们在菜窖里放点干冰，一方面使温度降低了，从而减慢细菌繁殖速度，另一方面使菜窖里充满窒息性的二氧化碳，细菌不能生存，这样，就能延长饭、鱼、菜、水果、油的“寿命”。例如，把鲜肉用干冰保存在－0.5℃到－1.5℃的冷库中，可保存两个月以上。

同样，运输食物也用到干冰。从北京运送食物到上海时，火车每节车厢一昼夜要消耗一吨水。融化了的冰水还弄得车厢很湿。如果用干冰的话，只需 1—2 千克就够了，而且非常干净，没有水迹。

若成桶的汽油烧起来，火势熊熊，用水是不能扑灭的，用棉被、石棉布也不容易扑灭。然而，只要往火堆里扔进几块干冰，火很快就会熄灭。这是因为干冰具有双重的灭火本领，它本身温度很低，气化时又要大量吸热；更重要的是，它气化后生成大量二氧化碳气体，不助燃，能隔绝空气，把火扑灭。

人们还制成了一种装有干冰的小型灭火器，可以放在室内的小柜、火车车厢或船舱里，用来灭火。

拍电影时，也要用到干冰。影片里，常有白烟弥漫、云雾缭绕的镜头。这些云雾，都是用干冰制成的。干冰蒸发后，吸收大量的热，使周围的空气温度降低，水蒸气凝结出来，这就形成了人造的云雾。

人们还用干冰来进行人工降雨。把干冰装在飞机上，在云里播撒。从飞机里抛撒出来的每一小块干冰，都成了一个剧冷的中心，使周围空气的温度迅速下降到－40℃以下。这样，干冰周围空气里的水汽便以极快的速度凝结为亿万颗微小的冰晶。据试验，每1千克干冰，可以造成100亿颗冰晶。而一颗颗冰晶，又很快地长成雪花。雪花相互合并成雪片。如果地面温度接近0℃就下雪，要是高于0℃，冰晶在半空中融化了，就下雨。

如果条件合适的话，让1平方千米的云朵下雨，只用像香皂那么大的一块干冰就够了。一般在播撒干冰后10—15分钟，雨滴便可以到达地面。

在地球上，干冰大都是人造的，天然的很少，因为它在常温下很快就会气化。据天文学家们观察，火星的两极覆盖着白皑皑的极冠。火星上二氧化碳比地球上多两倍，而火星温度又低，因此，估计那两极白色的极冠，很可能不是冰和雪，而是干冰。

汽水的秘密

大气中一般只不过含有万分之三的二氧化碳，而天然水中溶有的二氧化碳却比同体积的空气中的二氧化碳多60倍。自然，这里所说的还只是天然水——在常温常压之下。如果在低温、高压之下，二氧化碳在水里的溶解度就更大了。据测定，在20℃、0.1兆帕的压力下，二氧化碳在水中的溶解度（按体积计算）为0.88，而在0℃、0.1兆帕的压力下，便为1.71，差不多增加了1倍。如果增大了压力，那么，溶解度的增加就更为显著。据测定，在0℃、10兆帕的压力下，1体积的水便能溶解100多体积的二氧化碳。如果把常温下得到的二氧化碳饱和水溶液冷却，那么，还可以得到雪白的二氧化碳的水化物，1分子二氧化碳水化物中含有6个分子的结晶水。

夏天，我们喝的汽水里的“气”，就是二氧化碳。在汽水工厂里，人们加很大的压力，强迫二氧化碳大量地溶解在水里。然后，装瓶、扣紧瓶塞，便成了汽水。喝汽水时，一打开塞子，外面的压力小，二氧化碳顿时挣脱出来，形成翻滚的气泡。如果瓶塞盖得不严，二氧化碳会慢慢从水里溜到瓶外。所以，可以把汽水瓶口朝下放着，这样，二氧化碳即使从水里溜出来，也不容易跑到空气中去。又因为温度越低，二氧化碳在水中的溶解度越大，所以冰镇汽水中溶解的二氧化碳自然也多，泡沫就多。

喝进汽水以后，人的肠胃并不吸收二氧化碳。由于肚子里温度高，二氧化碳很快地从口腔排出来，这样就带走了一部分热量，使人感到凉快。另外，二氧化碳对胃壁还有轻微的刺激作用，能加速胃液的分泌。

为了增加色、香、味，汽水里还加进了糖、柠檬酸、橘子精和一些食用香料、食用染料。而在工厂里，人们则常常喝“盐汽水”，以补充因流汗而消耗的盐分。

汽水是17世纪时在欧洲首先出现的。不过，当时人们制造这种汽水是用来治病的。直到19世纪中叶，才开始把汽水作为饮料。最初的汽水淡而无味，后来才加进糖、色素、香料等，成了现在这样的汽水。

清朝同治年间，汽水开始从荷兰输入我国，所以从前常把汽水称为“荷兰水”。当时，只有几个通商港口的“番菜馆”里才有汽水卖，每打要售银元4枚，只有达官贵人们才喝得起。

1900年，英商在天津开办了第一家汽水工厂“万国汽水公司”，那时的年产量不过3.6万打。后来，在上海又出现了老德记、屈臣氏、正广和等洋商汽水公司，洋商们垄断了中国的汽水生产。抗战胜利后，美国的“可口可乐”饮料，也大量进入我国市场。

如今，汽水在我国再也不是稀罕昂贵的珍品，而是大众化的清凉饮料了。

在有些地方，地下水很深，受到很大的压力，二氧化碳大量溶解在里头。平常，1 升地下水含有 15—40 毫克的二氧化碳，而在这些地下水里，每升水中的二氧化碳含量可以高达 6—8 克，差不多增加了 200 倍。很自然，当这些地下水一出地面，压力突然减少，二氧化碳便挣脱了水的羁绊，跑到空气中去，因此，也常是气泡翻滚，犹如汽水。在杭州西湖附近清涟寺（今玉泉寺）后面，有一个泉，用力在泉水中一搅，许多气泡就像珍珠般冒出，人们称之为“珍珠泉”。在济南，也有这样的珍珠泉。它们都是大自然制造的“汽水”。

绿色的工厂

在 17 世纪，荷兰生物学家范·海尔蒙特，曾经做过这样一个实验：他在一个桶里插了根柳条，事先，海尔蒙特曾分别称好了桶的重量、柳条的重量和土壤的干重。柳条种下去以后，很快地生根发芽，长成大树。在栽培的过程中，海尔蒙特除了经常浇些水以外，什么肥料也不施。经过 5 年以后，他得到了惊人的结果：土壤的干重原先是 90 千克，后来是 89.9 千克；然而柳条原先只有约 2 千克，现在却近 77 千克重，比原先重了近 75 千克。

柳树里所增加的东西是从哪儿来的呢？海尔蒙特的试验，使当时的科学家们百思不解。

有人这样解释：这些增加的物质来自水。但是，这种看法在事实面前站不住脚，因为化学分析的结果表明，占柳树干重一半的是碳元素。而水

呢，它的分子是由一个氧原子和两个氢原子组成的，根本不含碳。柳树从哪儿攫取这么些碳呢？水里没有碳，土壤里也很少有碳，只有周围的空气含有一些碳的化合物二氧化碳。

于是，有人猜测柳树是从二氧化碳中取得碳元素的。他们试着把柳树放在除去了二氧化碳的温室里，柳树很快停止了生长。但是，只消通通风，让普通的空气进入温室，柳树又恢复了正常的生长。

事情终于弄明白了：原来，柳树是从空气中吸收了二氧化碳作“原料”，来建造自己的身体。

二氧化碳是看不见、摸不着的气体，怎么会变成柳树那青青的叶子、白白的木头呢？这是在柳树里经过一番“加工”才成的。这“加工工厂”设在柳树的绿叶上，人们称它为“绿色工厂”。在太阳的照射下，绿叶上的叶绿素能够吸收空气中的二氧化碳，使它同水化合，放出氧气，制成各种各样的有机物，如葡萄糖、淀粉等，而这些有机物，正是构成叶子、木头的“砖石”。这就是“光合作用”。

在植物叶子的表面，有许许多多气孔，可以让二氧化碳自由地进进出出。据测定，一张普普通通的白菜叶子，便有 1000 万个左右的气孔。叶肉的内部组织也很疏松，便于二氧化碳的进出。据计算，在夏天，1 平方分米的叶子上，大约能够吸收 150 万亿个二氧化碳分子。

叶绿素在光合作用中担任着催化剂的重要角色。严格来讲，叶绿素实际上并不是绿色的。平常，大自然里的叶绿素不是个单纯的化合物，而是由两种不同的叶绿素——叶绿素 a 和叶绿素 b 混合组成的。叶绿素 a 是蓝绿色的，叶绿色 b 是黄绿色的。正像画画时，把蓝色和黄色的颜料混在一起，便得到了绿色的颜料一样，叶绿素 a 和叶绿素 b 相混，便形成了绿色。

叶绿素的分子构造庞大而复杂。叶绿素 a 的分子里，含有 55 个碳原子、72 个氢原子、5 个氧原子、4 个氮原子和 1 个镁原子，叶绿素 b 的分子里含有 55 个碳原子、70 个氢原子、6 个氧原子、4 个氮原子和 1 个镁原子。

大自然中的这家“绿色工厂”非常重要，我们平常吃的米饭、馒头，都是这家工厂的“产品”。

许多年来，多少科学家为人工制造叶绿素、为人工控制光合作用、为人造食物而不断努力。著名的法国原子能专家约里奥·居里甚至这样强调说：“掌握光合作用的过程，对人类来说，比得到核能还重要。”在 1960 年 1 月间，人们终于第一次人工合成了叶绿素。现在、人们正在朝着人工控制光合作用和人造食物的方向努力。

一个奇妙的循环

在地球上，存在着一个十分奇妙的循环。

每天，地球上的每个人、每个动物、每棵庄稼、每个烟囱，都在不断地吸收氧气，吐出二氧化碳。据统计，一个成年人每分钟要呼吸16—20次，每昼夜吐出1.3千克的二氧化碳，全人类每年呼出到大气中的二氧化碳超过10.8亿吨；每年世界上大约要烧掉15亿吨煤炭和3亿吨石油，生成近50亿吨二氧化碳；其他动物、植物呼吸所生成的二氧化碳也不少，就拿微生物来说，1克土壤中常有几十亿个微生物，1公顷土壤中的生物每年可以排出1.5吨二氧化碳。

地球上的人、动物、植物数目在不断增加，工厂日益增多，火车、汽车、轮船也逐渐增多，长此以往，地球上的氧气岂不会被用光？地球岂不会成为土星一样充满着二氧化碳的世界？生物岂不就绝迹了吗？在1898年，英国物理学家威廉·汤姆孙便十分忧虑地说："随着工业的发达和人口的增多，500年以后，地球上所有的氧气将会被用光，人类将趋于灭绝！"

这真是"杞人无事忧天倾"！他们只看到了问题的一个方面——消耗氧气、生成二氧化碳的一面，却没有看到问题的另一方面——生成氧气、消耗二氧化碳的一面。

在大自然中，植物和动物在呼吸时，消耗氧气，生成二氧化碳；然而，植物在光合作用时，却生成氧气，消耗二氧化碳。

植物和动物相依为命。如果没有动物把氧气变成二氧化碳，那么，现在地球大气中所含有的二氧化碳总量约为7000亿吨，地球上各种植物每年大约要吸收630亿吨二氧化碳，只消11年便会把大气中的二氧化碳消耗光。然而，如果没有植物把二氧化碳重新变成氧气的话，那么，就正如汤姆孙所计算的那样，500年后，大气中的氧气将会被全部用光！

这是一个多么奇妙的循环啊！世界，永远不会变成二氧化碳的世界。二氧化碳有这么股怪脾气，它能使太阳的热辐射线自由地射到地球上来，但却强烈地阻止地球的反射。有人估算，如果大气中二氧化碳的含量增加1

倍，那地球表面的平均温度将升高 4℃。二氧化碳含量对气候的影响是很大的。

二氧化碳施肥

二氧化碳虽然并不含有庄稼的“三大要素”氮、磷、钾，但对于庄稼来说，它却是比氮、磷、钾更为重要的“要素”。因为庄稼所制造的葡萄糖、淀粉等有机物，其中最主要的成分是碳、氢和氧，氢和氧可以从水中得到，而碳则必须从二氧化碳中获得。没有碳，“绿色工厂”的生产便要停顿下来。

庄稼吸收二氧化碳的“胃口”，大得惊人：庄稼的叶子上形成 1 克葡萄糖，需要吸收 2500 升空气中所含有的二氧化碳。

然而，大气中所含有的二氧化碳，常常不够满足庄稼的需要。据统计，1 公顷土地上生长的约 1 米的庄稼所占的空间里，只含有 5—6 千克的二氧化碳，而这些庄稼一天内却需要“吃进”几十以至几百千克的二氧化碳。

人们在示踪原子的帮助下，找到了解决的办法。

多少年来，在植物学上，一直流传着这样一个传统的，然而却是片面的看法：植物只是依靠叶子从空气中吸收二氧化碳。

1950 年，科学家们做了这样一个实验：往土壤里施加含有放射性碳的碳酸氢钠（即小苏打）后，很快便在四季豆的各部分发现了放射性碳。接着，他们用含有放射性碳的二氧化碳通进土壤，也得到同样的结果。这样，他们发现了一个在植物生理学上具有重大意义的规律：不光是植物的叶子能吸收二氧化碳，植物的根部也能吸收二氧化碳或者含碳的化合物（如碳酸盐）。在一定的条件下，植物根部吸收的碳，可以达到植物叶子和根部吸收的碳总量的一半以上。现在，人们在农业上，就从两方面——根部和叶子，给庄稼供给二氧化碳。

自从发现了庄稼的根能够吸收二氧化碳以后，土壤里的微生物受到了很大的重视。人们发现，土壤里空气的二氧化碳含量，常常要比大气中的二氧化碳含量大 100 多倍。这些二氧化碳是从哪儿来的呢？这全是靠微生物的辛勤劳动，它们分解土壤中的有机质，放出二氧化碳。据统计，一般的有机肥料，如绿肥、厩肥等，在微生物的帮助下，能够分解出占其自身重量的 25％—30％的二氧化碳。因此，现在人们十分重视有机肥料的施用和土壤微生物的繁殖，以便给庄稼的根部提供足够的二氧化碳。

另外，还出现了一种新的肥料——碳酸盐肥料，如碳酸钾、碳酸铵。把它们施到田里，同样能使庄稼的根“吃到”含碳的化合物，作为绿色工厂的“原料”。1953 年夏天，人们又做了这样的实验：往马铃薯、谷类、四季豆的田里施加碳酸盐肥料，结果发现，每施加 1 千克碳酸盐肥料，可以增产 1 千克到 2 千克的作物。马铃薯的产量，每 15 亩增加了 2000 千克，即增产 6.9％：大麦每 15 亩增产 380 千克，即增产 18％；四季豆每 15 亩增产 696 千克，即增产 17.4％。

至于经叶子给庄稼供应含碳化合物，主要是往田野上空施加二氧化碳。最简单的办法，就是在田野上烧几堆干柴。不过，这样的效果常常不很显著，因为一刮风，二氧化碳很快就被吹跑了。再者，即使没风，燃烧时热空气上升，也会带走大部分二氧化碳。后来，人们在田野上安装许多带有细孔的管子，在没风的晴朗天气，往管子里通二氧化碳，这样，二氧化碳便能较好地为庄稼所吸收。在无风的日子里，往田野上喷一些干冰，也能提高空气中的二氧化碳含量。

至于在温室里，自然，烧几堆干柴就行了，比田野上要简单得多。不过，二氧化碳的浓度也不能太大，如果空气中二氧化碳含量超过 5％，庄稼体内的酸的活动就要受到影响，庄稼会停止生长，严重的还会死亡。

化学灭火机

大家都有这样的常识：一旦什么地方失火，就得马上动用化学灭火机，化学灭火机可以射出一股带有泡沫的强大的气流，把火扑灭。那喷出的气体可真多，足足可以装满几间屋子。这灭火的气体，就是二氧化碳。二氧化碳比空气重，又不助燃，因此，喷出来以后，就像一层棉被盖在燃烧物的表面，使燃烧物和空气隔绝，于是，火被扑灭了。

灭火机里有两种液体。平时，它们是互不干扰的，但它们遇在一起，立即放出大量的二氧化碳。

里面装的液体是什么呢？灭火机种类不同，有各种不同的配合方法，有的是硫酸和碳酸氢钠，有的是明矾（硫酸铝钾）和碳酸氢钠，也有的是盐酸和碳酸钠。但万变不离其宗——两种液体能够相互起化学反应，放出二氧化碳。像碳酸氢钠、碳酸钠等，在分子里都含有碳酸，一遇上像硫酸、明矾、盐酸等酸性物质，会分解成碳酸。碳酸很不稳定，立即分解成二氧化碳和水。二氧化碳的俗名叫“碳酸气”，便是由此而得名的——碳酸分解生成的气体。

一般来说，在化学灭火机中，酸类是装在玻璃瓶里的，而碳酸钠、碳酸氢钠则装在钢筒里的，因为酸会迅速地腐蚀钢铁，而碱性的碳酸钠、碳酸氢钠则不会。此外，有些灭火机中，装着四氯化碳等灭火物质，主要用于扑灭电流着火，因为四氯化碳不导电。

化学灭火机是利用二氧化碳不助燃这一特性来进行灭火的。不过，凡事总得有一定的条件，二氧化碳只是在一般情况下不助燃。

有时，它竟然也能帮助燃烧。镁条就能在纯净的二氧化碳中燃烧，猛烈反应生成白色的氧化镁和黑色的碳——烟炱。

在一定条件下，也能把二氧化碳变成氧气：让二氧化碳和氧化钠作用，便会生成氧气和碳酸钠。星际航行中，人们可以携带一个盛过氧化钠粉末的筒子，呼吸时所吐出的二氧化碳，经过这个筒子以后，又重新变成了氧气！

干干净净的“脏水”

也许，你不相信有什么干干净净的“脏水”。那么，你不妨做一个小实验：舀一盆清澈透明、干干净净的河水，放一点肥皂（不要用洗衣粉）进去。过了一会儿，水面上便会漂起白花花的脏东西。

即使不做这个实验，你在日常生活中也经常会遇到这样的情况：有时，衣服刚刚穿了一天，并不脏，或者干脆就是一块新布、一件新衣服，用肥皂一擦，放在水里一洗，水面上就漂满白花花的脏东西。这脏东西，实际上不是从衣服上来的，而是来自水中。

如果更广一点讲，即使你洗的是脏衣服，水面上漂起白花花的脏东西也来自水里，而不是来自衣服。衣服脏，只能是使水发黑变浊，而不会析出白色的脏东西。

为了把其中的道理讲清楚，可以做一个简单的实验。取一个玻璃试管或者玻璃杯，甚至玻璃瓶也行，只要是无色透明的就可以。往里倒一点澄清的石灰水。然后，找一根麦秆或者别的什么管子插在里头，用嘴对着管子吹气。没一会儿，澄清的石灰水就变成一片白浊的“脏水”。

这白浊的产生，是由于石灰水（氢氧化钙溶液）和二氧化碳（呼出的气体）作用，生成白色的碳酸钙沉淀。

要是吹的时间久些，白色的沉淀反而变少了。如果再继续吹，白色沉淀甚至会完全消失，溶液依然澄清。再把溶液久置或者加热，白色沉淀忽然又会出现。

这又是一连串的化学反应。原来，当二氧化碳过多时，碳酸钙会和它继续反应，生成另一种能溶于水的碳酸氢钙。当久置或加热时，二氧化碳从水里跑掉，于是，碳酸氢钙又重新变成碳酸钙，沉淀出来。

在大自然中，同样不断地进行着上述的变化。雨水、河水里，或多或少总溶有一些二氧化碳（前面就提到，平常水里的二氧化碳比空气中差不多要多60倍），当这些水流过石灰岩时（石灰岩的化学成分是碳酸钙），它们便相互作用，变成了碳酸氢钙，溶解于水流跑了。溶有二氧化碳的水，居然能够溶解石头！

这种含有较多的碳酸氢钙以及其他可溶性钙盐的杂质的水，叫作“硬水”。泉水、河水、湖水、海水，一般都是硬水，有些地方的井水也是硬水。刚刚从天上落下来的水，则是软水。

正因为泉水、河水、湖水、海水一般都是硬水，含有碳酸氢钙，生长在水边或者水里的一些软体动物，比如虾、蚌、螃蟹、田螺之类，便是靠着吸收水里的碳酸氢钙，把它变成碳酸钙沉淀，来建筑自己的贝壳的。而住在海边的人，也常常就用贝壳作原料来烧石灰。

在日常生活中，硬水给人们带来不少麻烦。肥皂的化学成分是硬脂酸钠，易溶于水，当你用硬水洗衣服时，一旦遇上了水中的碳酸氢钙，便和它起化学反应，生成白色的硬脂酸钙沉淀。前面说过的那些白花花的“脏东西”，便是硬脂酸钙。用这样的硬水洗头发，一抹肥皂，头发简直像被胶水粘住了似的，黏糊糊的。显然，用硬水洗衣服、洗头发，会浪费肥皂，而洗涤效果又不好。

温度一高，碳酸氢钙便沉淀出来，变成碳酸钙，所以用硬水煮开水容易结成水垢。水壶长了水垢后，就不容易传热了，要浪费很多热量。在工厂里，锅炉长了水垢后，不仅浪费热量，而且由于锅垢传热不均匀，甚至会引起爆炸。刚刚发明火车时，便是以硬水作为锅炉用水的，因而常常在半路上引起锅炉爆炸。曾经，美国的一座 25 层大楼的楼底，安装着一个烧暖气的锅炉，由于长期没有清除锅垢而造成爆炸。

因此，必须想办法把硬水“软化”，去掉碳酸氢钙。最普通的办法是把水煮一下，让碳酸氢钙沉淀出来，再滤掉它。工厂里则用“苏打”——碳酸钠来进行软化，碳酸钠和碳酸氢钙作用，变成碳酸钙沉淀和能溶于水的碳酸氢钠。这样，工厂里的大锅炉，便不会出现很多的锅垢了。另外，现在不少工厂采用离子交换树脂把硬水软化。

桂林山水甲天下

在自然界中，二氧化碳还创造了许多引人入胜的奇景胜迹。

在我国广西桂林一带，山水如画，极多奇峰异洞之胜。正如唐朝诗人韩愈所说："江作清罗带，山如碧玉簪。"

桂林一带地层，主要由石灰岩——碳酸钙构成，千百年来，被溶有二氧化碳的雨水、溪水、河水，特别是受到高压的地下水冲洗，许多石灰岩都被"吃掉"，变成碳酸氢钙，溶解在水里随水流走，从而形成凹凹凸凸的奇峰怪石。

在东欧的喀斯特高原，那里的山也是这样稀奇古怪的，有的山简直像蜂窝一样，石灰岩内部被地下水溶解，形成空洞。在地质学上，这样的地形构造，称为"喀斯特地形"。多年来，我国也都是采用"喀斯特"这个名词。我国的地质工作者通过生产实践和科学研究，积累了有关我国喀斯特的丰富资料，在第二次全国性的喀斯特学术会议上，建议将"喀斯特"这一名词改为"岩溶"。

当那些溶有碳酸氢钙的雨水、溪水、河水、地下水一受热或者受到其他影响，又会析出碳酸钙来。据研究，现在海底的石灰岩，正在逐年增多，每年新形成的石灰岩约有150亿吨，这些石灰岩，便是二氧化碳把它们从陆地上"搬到"海底来的。

地下水在地下往往受到很大的压力，溶有较多的二氧化碳，因而溶解石灰岩的本领也最大。当它从地下流出地面或者穿经山洞时，压力突然减少，二氧化碳的溶解度也大为减少，原先溶有碳酸氢钙的地下水便部分地析出碳酸钙来。在大自然的一些地下洞府里，常出现“石笋”和“钟乳石”，便是这些析出的碳酸钙沉积而成的。上头倒挂着的叫“钟乳石”，地下像笋一样长出来的叫“石笋”。

在大自然中，最大的石笋高达 30 米。1962 年，我国广西发现了奇景“七星岩”，在七星岩的飞龙潭和曾公岩之间，便有许多奇异的钟乳石和石笋“针锋相对”，当你用铁棍敲打它们时，便会发出清脆的声音。

此外，在江苏宜兴的善卷洞、庚桑洞，北京房山的云水洞等，都有奇异的钟乳石和石笋。

5 惰性气体

不可忽视的第三位小数

在19世纪末，人们都以为对空气的了解已经是够详尽的了。当时许多著名的化学家对空气做过上千次分析，都一致表明：空气是氮气、氧气和少量的二氧化碳、灰尘、水蒸气的混合物。除此之外，空气中不再含有别的成分。

然而，在1892年，英国物理学家瑞利（1842—1919）却发现了一件怪事。那时，瑞利正在测定各种气体的密度（单位体积的质量），他测定了氢气、氧气的密度然后开始测定氮气的密度：让磷在空气中燃烧，除掉氧气，把剩下的气体通过钠石灰和五氧化二磷，分别除掉二氧化碳和水蒸气，得到了纯净的氮气。经过测定，得到这样的结果：每升氮气重1.2572克。

为了验证这个实验结果是不是可靠，瑞利打算用另一种方法获得纯氮，进行测定，看看结果是不是与之相符合。他想把氨加热分解，从而获得纯氮。瑞利按照这一方法制得了纯氮。

可是测定密度的结果却是每升重 1.2508 克，轻了 6.4 毫克！

6.4 毫克，看起来，这只不过是个微不足道的数字罢了。而瑞利却没有轻易地放过它，又重新再做这个实验。他异常谨慎、小心，不放走任何一个小气泡，但两种实验结果仍然相差 6.4 毫克。

瑞利还不放心，又做了第三次实验，结果从氨里得到的氮气还是比空气中得到的氮气轻。瑞利又试着从笑气（一氧化二氮）、尿素（碳酰胺）等含氮的化合物中制得氮气，结果表明：从这些含氮化合物里所得到的氮气和从氨里得到的氮气一样重，但都比空气中得到的氮气要轻。

瑞利接着用电火花通过这两种氮气，又把它们封闭起来，静置了 8 个月，结果都没有能够改变它们之间的密度差异。

瑞利接着给当时的英国自然科学杂志《自然》写了一封公开信，向化学家们求援。化学家们提出了两种看法：一种是认为氮气本身便存在着两种同样异性体——重氮和轻氮。从空气中得到的氮气是重氮，而从氮的化合物中得到的氮气是轻氮；另一种看法是拉姆赛提出的，他认为空气中含有一种未知的较重的气体，这种气体夹杂在氮气中，使它的密度变大了。

这两种不同的意见，使瑞利十分为难：第一种意见没有确实的根据，况且氮的化合物大都是利用空气中的氮作原料制成的，怎会有重氮和轻氮的区别呢？如果相信拉姆赛的意见，那就等于是说，许多化学家对空气所做的上千次的测定都是不够全面的，在空气中除了氮气、氧气、二氧化碳、水蒸气、灰尘之外，还有其他未知的气体！

正当瑞利犹豫不决的时候，在一次科学报告会上，英国物理学家杜瓦提醒了瑞利："你去看看 100 年前化学家卡文迪许的几篇关于空气的论文吧，他好像也认为，空气中还有其他的成分！"

发现了氩

瑞利翻阅了英国皇家学会1785年的年报，上面登载着英国著名的化学家、氢的发现者卡文迪许的论文《关于空气的实验》。

在1785年，卡文迪许做过这样的一个实验：他在一个玻璃管中插上两个电极，一通电，电极间便产生电火花，这时，玻璃管里的氧气和氮气，就化合成红棕色气体二氧化氮。卡文迪许在玻璃管里放入氢氧化钾溶液吸收这种气体。不过，空气中的氮气多得多，因此，氧气很快被消耗光了，剩下的氮气，即使再通电，也不能再变成二氧化氮。这时，卡文迪许逐渐再往玻璃管里送进一些纯氧，放电火花后，又生成二氧化氮。这样，氮气逐渐被消耗，变得越来越少。然而，到了最后，总是有一个小气泡仍然留在玻璃管里，不被氢氧化钾吸收。即使再送氧气，再通电，这气泡还是没有消失。卡文迪许曾怀疑这小气泡是氧气，但他用除氧剂也无法将它除去，说明它不是氧气。

于是，卡文迪许在自己的论文中写道："根据这个试验，我得出了一个结论：空气里的氮不是单一的，其中约有1/120跟主要部分的性质绝不相同。可见氮并不是单一的物质，而是两种物质的混合物。"

然而，卡文迪许的实验，当时并没有引起科学界的重视，甚至连卡文迪许自己也没有继续钻研下去，把它轻轻放过了。

瑞利读了卡文迪许在100多年前写的论文，受到很大启发。他重新做了卡文迪许的实验，在1894年夏末，终于从空气中收集到0.5毫升比氮气重的未知气体。

和瑞利同时，拉姆赛在自己的实验室里，也积极地进行提取空气中未知气体的研究。不过，他并不是用卡文迪许的方法，而是用燃烧镁的方法。

有一次，他在讲演时，表演了在空气中燃烧金属镁的实验，得到了一些淡黄色的粉末。回实验室后，他用水来洗杯子。水一和这些淡黄色的残渣接触，就发出一股氨的臭味。他又仔细地进行研究，发现当镁在空气中燃烧时，不仅能和氧气化合成白色的氧化镁，而且还能和氮气化合，生成黄色的氮化镁。氮化镁一遇水，即水解而放出氨。拉姆赛又把用钠石灰和五氧化二磷除去二氧化磷的氧气水蒸气后的空气，通过装有炽热金属镁粉末的管子，除去了氧气和氮气，结果也得到了比氮气重的未知气体。1894 年，拉姆赛用此法得到了 100 毫升的未知气体。

瑞利和拉姆赛，都对自己所得的未知气体进行光谱分析，结果在光谱带中出现了以前没有发现过的新谱线。这就是说，这气体是一种还没有被发现的新气体。

1894 年 8 月，瑞利和拉姆赛宣布发现了一种新的元素，这元素到处都有。它四面八方围绕着我们，它也是大气的组成部分，我们平常呼吸的空气中就有它。

这种气体非常“懒惰”而“孤独”，几乎不和任何元素相化合。瑞利和拉姆赛对它曾经做过种种实验，比如把它和白磷放在一起。白磷是非常活泼的，在空气中不用点火就能自燃，大冒白烟，生成五氧化二磷。然而，在新发现的这种气体中，白磷却安安静静，不跟新气体化合。

氯气也是一种很活泼的气体，它能使铝、镁很快地锈蚀掉，但和这种新气体在一起，也是老老实实，不会化合。瑞利和拉姆赛还在新气体中放电火花，加热，倒进强酸，结果新气体依然如故。

瑞利和拉姆赛把这种新气体命名为“氩”。按照希腊文原意，“氩”就是“不活泼”的意思。

氩在空气中的含量并不算太少，按体积计算占 0.93％，将近 1％。

人们把氩的发现，称为“第三位小数的胜利”。所以，做任何事情都必须认真、细致，粗枝大叶不行。

又发现了五种惰性气体

氩的发现，引起了人们很大的兴趣。许多科学家开始仔细研究不久前还被认为“已经被彻底认识了”的空气。

氦是紧接在氩的后面被人们制得的。

人们早在1868年便已经发现了氦。这一年日食的时候，法国天文学家詹森和英国天文学家洛克耶把分光镜对准了太阳，结果在分光后所得到的太阳光谱里，发现了一条新的谱线。

人们对詹森和洛克耶的发现作了这样的假设：“太阳上有一种未知的元素，那是我们在地球上所没有遇到过的。”人们把这种未知的元素，叫作“氦”。按照希腊文原意，“氦”意思就是“太阳的”。这种假设，既没有受到激烈的反对，也没有受到普遍的赞同，因为这种元素是“太阳的”，人们没法确切地证明它不存在，也没法确切地证明它存在。

这个疑点，直到发现氩的第二年（1895年），才得到了解决。拉姆赛从铀矿中，发现了一种新的气体。光谱分析结果表明，它的光谱线波长和1868年从太阳光谱中发现的那条新谱线的波长完全一样，因此，证明了这种新气体就是氦。这样一来，氦不光是“太阳的”了，地球上也有它的身影。

实验表明，氦和氩的脾气相似，也非常“懒惰”。氦不光是存在于铀矿中，而且也存在于空气中，不过，空气中氦的含量比氩的含量要少得多，按体积计算，仅占百万分之五。

接着，1898年，拉姆赛和特拉维斯从空气中发现了氪。氪在空气中的含量，按体积计算，仅为百万分之一，因此，按希腊文原意，“氪”就是“隐藏”的意思。同年，拉姆赛和特拉维斯还从空气中发现了氙。氙在空气中含量比氪更少，仅占空气总体积的一亿分之八。按照希腊文原意，“氙”就是“生疏”的意思。1901 年，拉姆赛和特拉维斯又从空气中发现了新元素氖。按照希腊文原意，“氖”就是“新”的意思。按体积计算，氖在空气中约占五万分之一。

氦和氩的最后一个同族元素氡，是 1903 年被英国物理学家卢瑟福发现的。不过，卢瑟福并不是从空气中发现氡的，因为氡在空气中极为稀少，他是在做“镭射气”的光谱分析时发现的。“镭射气”是镭在放射性蜕变时生成的放射性气体，研究后证明是新元素氡。

就这样，人们终于一步一步地揭开了空气的秘密，发现了空气中的 6 种微量气体：氦、氖、氩、氪、氙、氡。由于它们的化学性质不活泼，非常“懒惰”，被合称为“惰性气体”。又因为它们非常稀少，在空气中的总含量，按体积计算不过 0.94%左右，因此又把它们称为“稀有气体”。

这些惰性气体，都是无色、无臭的。它们的分子是单原子分子。这是根据气体分子运动论来推算的。根据气体分子运动论，当体积不变时，把 1 克单原子分子气体加热升高 1℃所需要的热量为 12.56 焦，而双原子气体则需 20.93 焦。人们测定了单克惰性气体加热升高 1℃所需要的热量，结果是 12.56 焦，由此证明它们都是单原子分子。它们原子的最外层电子数大都等于 8（氦等于 2），属于最稳定的结构“八隅体”。

古怪的氦

氦突出的特点之一，是它很轻。氦常常被用来代替氢气，填充气球和飞艇的气囊。这是因为氢气很易燃烧，一遇火星便着火，以致爆炸，而氦是“懒惰”的气体，不会燃烧，更不会爆炸，氦气填装的飞艇的上升能力，大约相当于同体积的用氢气填装的飞艇的 93%。

我国最早研究飞艇的是广东的谢缵泰。他在 1899 年曾设计了一架飞艇。可是，由于得不到清朝政府的支持，无法投入制造。后来，一个英国人照谢缵泰的设计，制造了当时第一流的飞艇。这架飞艇被命名为“中国号”。

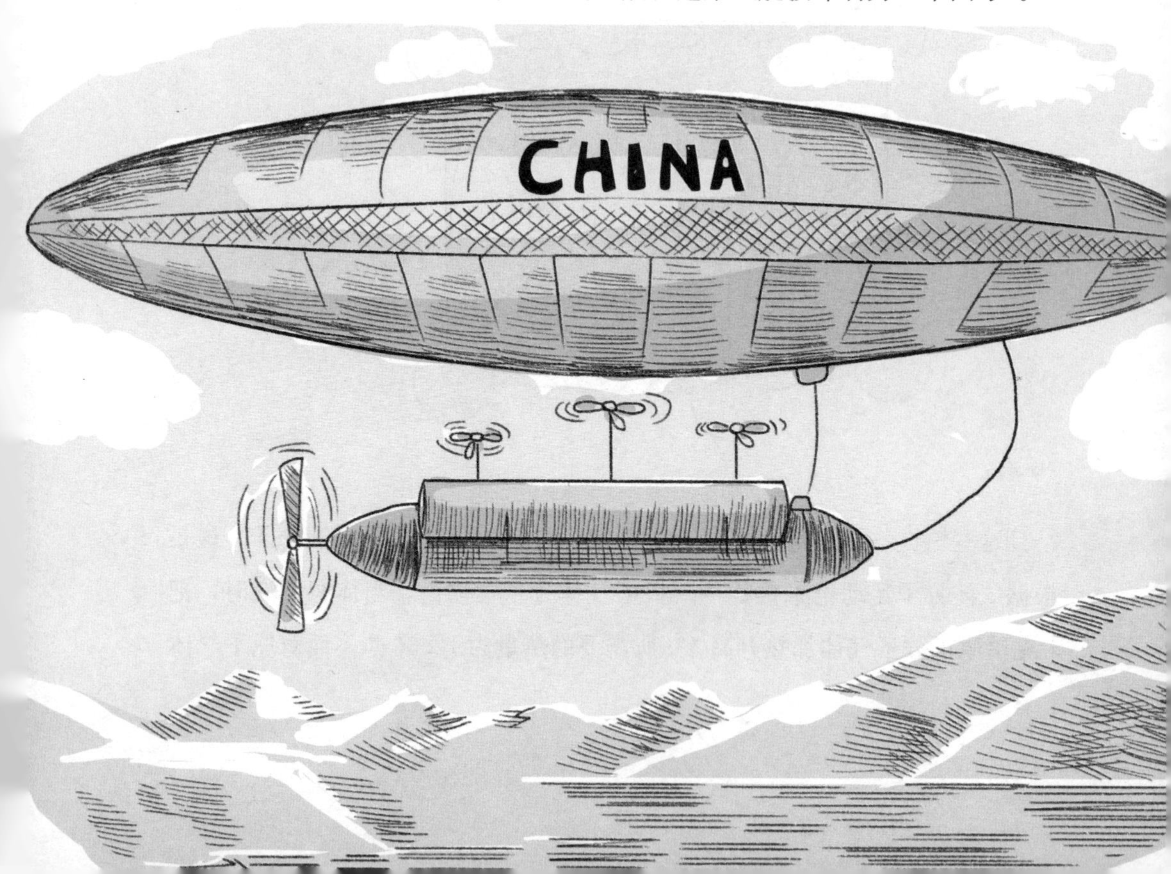

填充一个现代化的飞艇，大约需要20万立方米的氦。如果用蒸发液态空气的方法，想得到那么多的氦是比较困难的，因为氦在空气中终究很少。不过，人们发现，在一些天然气中，常常含有较多的氦，有的含量可达2%（按体积计算）。另外，有些矿泉水冒出地面后，也放出许多氦气气泡。现在，人们主要就是从天然气中提取氦。

氦，还被混在塑料、人造丝、合成纤维中，制成泡沫塑料、泡沫纤维。如果把这些纤维剪短做成“棉胎”，又轻又暖。这种“棉胎”在军事上很有用处，因为它大大减轻了战士们行军时的负担，而且在遇见大河拦住去路时，只要把这“棉胎”往腰间一围，便成了一个非常好的救生圈。

氦又是最难液化的一种气体。在19世纪末，人们制得了液态氢，然而，却始终没有把氦气征服，因此，当时便有人把氦称为“永久气体”，意思是说氦气永远是气体。

随着技术的不断发展，人类征服大自然的本领越来越大了。1908年7月，这异常倔强的氦终于被荷兰低温物理学家昂内斯液化成液体，他制得液态氦的温度是4.3开尔文（绝对温标）。这一温度在当时是有史以来得到的最低温度。

1910年，昂内斯还想制得固态氦，但没有成功。直到1926年固态氦才制成。

氦之所以难于被液化，是由于在普通温度下，氦在减压膨胀时不是吸热变冷，而是反常地放热。氢也一样。只有当温度低于－250℃，氦才变得“正常”，和一般气体一样，减压膨胀时吸热，这样，就可以借助前面提到过的方法进行液化。据测定，氦的临界液化温度为－268℃，临界压力为0.23兆帕。

液态氦是一种非常有趣的液体，它很容易流动，表面张力极小。由于液态氦的折射率和氦气差不多，因此，当液态氦和氦气同时存在时，往往不容易看清液态氦和氦气的分界面。更奇特的是，如果拿个装液态氦的杜瓦瓶，外面再加个大点的杜瓦瓶，放在低温设备中，当温度到2.196开尔文以下时，小杜瓦瓶里的液态氦，会自动地向大杜瓦瓶里“爬”，直到两个液面一样高为止。

如果你把液态氦装在一根管子里，管底用研磨得极细的金刚砂堵住，使之成为一个充满微孔的管底。然后，你用光去照射管子，液态氦将会从微孔里喷出1米多远。

液态氦的这种特性叫作“超流动现象”，这是在1938年发现的。不过，只有“氦Ⅱ”[①] 才有超流本领。

本来，一般物体的传热本领总是固态大于液态，液态又大于气态的。液态“氦Ⅱ”却很怪，它的传热本领比铜还大1000倍。液态“氦Ⅱ”为什么会有这么多奇怪的特性呢？这是低温物理学研究的重要课题。

在所有的气体中，惰性气体本来已是比较难溶于水的气体了；而在惰性气体中，氦又是最难溶于水的气体：100体积水在0℃时，大约能溶解50体积的氡、6体积的氩，却只能溶解约1体积的氦。氦的这一性质很重要，在医学上，人们用它来医治潜水病。

在过去，当潜水员潜入海底时，要用橡胶管给他供应空气。但是，由于深海的压力很大，而氮气在水（血液）里的溶解度又随着压力的增大而增大，因此，当潜水员出水时，压力猛然下降，原先溶解在血液里的氮气便纷纷跑出来，致使血管阻塞，这种病叫作“潜水病”。

现在，人们用氦气和氧气混合制成“人造空气”。因为氦很难溶解在血液里，因此，潜水员即使沉降到水面以下100米的水底，也不会再患潜水病。另外，这种含氦的“人造空气”，还被用来医治支气管哮喘和窒息等病，因为氦气很轻，这种“人造空气”的密度只有普通空气的1/3，呼吸它比呼吸普通的空气省力得多，可以减轻病人的负担。

---

① 绝对温度2.196开叫作氦的λ点。在λ点温度以上的液态氦，叫作“氦Ⅰ”；在λ点温度以下的液态氦，叫作“氦Ⅱ”。——作者注

氦具有极高的激发电压，在电子工业上常用作电子管的填充气体。由于氦在常温下几乎不被任何固体所吸附，因此，在测定多孔物质（如活性炭）的表面积时，常常用氦。由于氦的液化温度最低，氦也被用来制造精密温度计。氦在低温工业中，有极为重要的用途。氦-氖激光器目前已得到深入的研究和广泛的应用。

霓虹灯的秘密

除了氦的实际用途比较广以外，其他几种惰性气体的最重要的用途，是制造霓虹灯。霓虹灯是法国化学家克罗德在 1910 年发明的。白天，霓虹灯看上去是无色透明的，然而到晚上一通电，便会射出五颜六色、鲜艳夺目的光芒。

这是怎么回事呢？原来，在霓虹灯里装着一些无色透明的惰性气体。在霓虹灯的两端，装着两个用铁、铜、铝或者镍制成的电极，一通电，惰性气体便受到电场的激发，放射出鲜艳的光芒。

氖的导电性比空气大 75 倍。装有氖的霓虹灯，射出鲜红色的光芒。克罗德在 1910 年便用氖制成了世界上第一盏霓虹灯。霓虹灯的原文就是“氖灯”的意思。装有氩的霓虹灯，射出淡蓝色的光芒。装有氦的霓虹灯，射出淡红色的光芒。至于氪、氙、氡在电场激发下，虽然也能射出有色光，但是由于它们在空气中太少了，不易大量制取，因此很少用。在霓虹灯中，除了装有惰性气体以外，通常还装有水银蒸气，它受激发后能发出偏紫色的光。

有的霓虹灯是单独装着氖气、氦气、氩气或水银蒸气，但更多的霓虹灯是装着这四种气体（或三种、两种）的混合物。所用的气体比例不同，便能得到五光十色的灯光。例如氖和氩相混合，激发后便能射出鲜艳的蓝光。至于霓虹灯的灯管，大部分是无色透明的，但也有一部分是有色玻璃做的，如紫色、琥珀色、蓝色等，这样也可以使霓虹灯的花色品种大为增加。

霓虹灯常用作广告、路标、信号灯，十分醒目。霓虹灯消耗的电能比普通的白炽电灯要少得多，但是由于人们不习惯于在彩色的灯光下工作和学习，因此很少用霓虹灯作照明光源。

除了用来制造霓虹灯以外，惰性气体还有别的一些用途。

氩是空气中最多的一种惰性气体，比较易得，而且氩的分子运动速度相当小，导热性差，因此常被用来单独或者和氮混合填充电灯泡，可以大大延长灯泡的寿命。焊接一些化学性质非常活泼的金属，如镁、铝等时，常用氩作保护气体，在氩气中进行焊接，叫作“氩弧焊”。

用氙填充的光电管，能够射出类似太阳光的连续光谱，因此，这样的光电管常用作舞台照明。在高压长弧氙灯的灯管里装的就是氙气。这种氙灯体积很小，它的灯管只比普通日光灯长1倍，然而功率却高达2万瓦！由于氙灯能射出类似太阳光的光线，所以被誉为“人造小太阳”。高压氙灯还用作激光的激发光源。

氙还具有一定的麻醉作用，它能溶于细胞质中而引起细胞膨胀和麻痹。这样，20％的氙和氧的混合气体，在医学上被用作麻醉剂。

氪现在被用来制备测量宇宙射线的电离室。在激光出现以前，氪还是单色性最好的光源，被用来测量长度。

真的“永远不和任何东西化合”吗

惰性气体一向被认为是“懒惰”的，是永远不和任何物质相化合的。在化学上，惰性气体的化合价被认为等于零。它们在周期表中被称为“零族”元素。

惰性元素化学性质不活泼，然而，这只是相对其他元素而言罢了，它们并不是绝对不活泼，并不是永远不和任何物质相化合的元素。

最初，人们在低温和高压下，制得了惰性元素和水形成的水化物。不过，这种水化物很不稳定，很易分解，它们的稳定性随着惰性元素原子量的增加而增强。最轻的两种惰性元素氦和氖，即使在几百兆帕的压力下，也不和水化合；氩的水化物在 0℃、9.85 兆帕的压力下才稳定，熔点为 8℃；氪的水化物在 0.1℃、0.15 兆帕的压力下稳定，熔点为 13℃；氙的水化物在 0.1℃、0.12 兆帕的压力下稳定，熔点为 24℃；而氡的水化物在 0℃、0.1 兆帕的压力下就能存在，而且组成固定。其他惰性元素只能形成组成不固定的水化物。另外，惰性元素还能与重水形成类似的化合物。

接着，人们发现，惰性元素也能和一些有机试剂形成化合物。例如，氪、氙、氡都能和苯酚（即石炭酸）形成稳定的化合物。在 4 兆帕的压力下，氩、氪、氙、氡同样能和苯二酚形成类似的化合物。

此外，人们还发现利用放电可以制备比较稳定的惰性元素和金属的化合物，如氦化汞。在氦气中用电子撞击钨，可以得到氦化钨。

1962 年初，人们制成了一种非常稳定的氙和氟、铂形成的化合物，它是黄色的固体，在常温常压下并不分解。这种化合物的制成，大大增强了人们制取惰性元素化合物的信心。人们接着又制成了几种很稳定的惰性元素化合物，主要是氟的化合物，如二氟化氙、四氟化氙、六氟化氙和四氟化氪。

六氟化氙是白色的结晶体，受热很易升华，升华时蒸气为淡黄色，冷却后又重新凝结为白色晶体。六氟化氙在受热后居然能重新结晶，这足以说明它是很稳定的化合物。至于它升华时所产生的黄色蒸气，究竟是六氟化氙本身的蒸气呢，还是它分解成别的什么化合物，而冷后又重新结合成六氟化氙，这个问题现在还没有彻底弄清楚。六氟化氙的制备并不困难，人们是在金属镍做的容器中，在 300℃的温度和 6 兆帕的压力下，通入氟和氙制成的。至于二氟化氙、四氟化氙也很稳定，并且受热容易升华。二氟化氙是在室温下，用高压水银灯照射氟和氙制成的，而四氟化氙是将氙和氟以 1∶5 的比例混合，在 400℃下加热 1 小时制成的。

6 灰尘

空气中的小颗粒

清晨，当一束阳光照进房间里时，你会看见光亮中有无数个小颗粒在到处飞舞，这便是空气中的灰尘。

灰尘很小，1000 颗灰尘紧挨着排成一长队，也只有 1 厘米长。在平常，除非灰尘特别多，人们一般是不大能感到这些小东西的存在的。

在空气中，灰尘的多少随地而异。据测定，城市街道上的一酒杯空气中，有几十万粒灰尘，而在草木繁茂的山林地带或者田野上，灰尘就比较少，一酒杯空气中只有 100 多粒灰尘。

空气里的灰尘，究竟是从哪儿来的呢?

工厂的烟囱里冒出的滚滚黑烟中，夹杂着成千上万粒灰尘。据测定，一个中型的制碱工厂，每昼夜要从烟囱中排出 2 吨碱尘。1 吨煤燃烧以后，能产生 20—30 千克的灰尘。

一刮风，地面上无数的沙砾、泥粉飞扬起来；人走路、车奔驰，又不知带起多少灰尘。在唐朝诗人杜甫的名诗《兵车行》里，便有这样的诗句：

“车辚辚，马萧萧，行人弓箭各在腰。爷娘妻子走相送，尘埃不见咸阳桥。”在唐朝诗人岑参的《走马川行奉送封大夫出师西征》一诗中，也有这样的诗句：“金山西见烟尘飞，汉家大将西出师。”平常，人呼吸时也呼出大量灰尘。据测量，每分钟大约呼出 20 万粒灰尘。而吐出一口烟，便可喷出 10 亿粒灰尘。

火山爆发时，灰尘常弥漫周围几百千米。40 多年前，阿拉斯加的卡特迈火山爆发，喷出大量极细的火山灰，落下后，灰层高比人膝。1883 年，印度洋东部的克拉卡图阿火山爆发，所喷出的火山灰在高空形成一团烟云，到处飘游，过了 5 年还没有完全消散。

陨星常常像一道道亮光划破夜空，它和空气相摩擦，燃烧起来，绝大部分都变成了灰尘，只有极少数落到地面。据统计，每昼夜平均有 1430 万吨的宇宙灰尘落到地球上来。

花朵，特别是风媒花，也能产生出许多“灰尘”。松树在开花时，飞散的花粉常能使附近的池塘变色。据统计，1 株松树大约能产生 2 升的花粉。花粉又小又轻，随风到处旅行，跑得很远，人们在欧洲中部一带的空气中，便曾发现过一些只能在非洲和南美洲生长的花的花粉。

不过，在空气中只是靠近地面处灰尘较多，在高空灰尘就很少。据测定，离地面 100 米处，1 立方厘米空气中有 45000 粒灰尘；1000 米处，有 6000 粒；2000 米处，有 700 粒；3000 米处有 200 粒；4000 米处有 100 粒；5000 米处有 50 粒；6000 米处仅有 20 粒。

没有灰尘就没有云和雨

没有灰尘，就没有云和雨。每天，太阳把成千上万吨的水变成了水汽，升到天空。在高空一遇冷，水汽就要凝结，若是没有灰尘，它就不能凝结。

有了灰尘，水汽才能以灰尘为中心越聚越大，终于从天上降下来，成为雨。灰尘，可以说是云雾的“骨骼”。你不妨在下雨时，拿个干净的白瓷碗放在院子里，接上点雨水仔细观察，会发现有许多渣滓，这就是灰尘。

当然，本来渣滓不应该有这么多的，留下这么多渣滓是由于水汽不仅在凝结时要以灰尘为核心，而且当雨滴从天上掉下来时，一路上又沾上了不少灰尘。

没有灰尘，天上没有云朵，更谈不上有什么瑰丽多彩的朝霞和晚霞；没有灰尘，水汽只有在遇到高山时，才会凝结，然后沿着山坡往下流，山脚低洼的地方，便成了一个个湖泊。自然，只是有灰尘，没有水汽，细小的灰尘在空气中是很难沉降下来的。平常，这些灰尘全靠下雨、下雪，把它们从空中带下来。雨后、雪后空气格外清新的原因之一，便是由于空气中的灰尘减少了。如果地球上没有水汽的话，这些灰尘将永不沉降，越积越多，看上去天空会黑压压的。

灰尘的坏处

灰尘有它好的一面，然而，它的坏处也不少。

谁都知道，灰尘多了会迷人的眼睛，呛人的鼻子。长期在灰尘很多的地方工作，会使人的呼吸器官发炎，以致得职业病——“硅肺”。据解剖可知，婴儿的肺差不多都是淡红色的，而成年人的肺常常都带点灰色，这便是肺中总是滞留了一部分灰尘的缘故。

灰尘钻进手表，使手表走不准，甚至走不动。它钻进唱片、电影胶带，播放机一开动起来，就会发出怪声。它钻进机器，就会加剧磨损。它落在桌椅、衣服、墙壁、床上，就会使这些东西变脏。

在过去，据美国国内航线的飞机驾驶员说，在250千米之外，便可以看到美国最大的城市——纽约，它的上空笼罩着一大片灰蒙蒙的烟云。纽约市的人民，每人每年吸入的含有害烟尘的空气一度达到几百千克，严重影响身体健康。

美国西海岸的加利福尼亚州，每天也有大量烟灰在空中飞扬。这个州的工业中心洛杉矶市，曾被人们称为“烟雾中心”。甚至连太平洋中的夏威夷群岛，上空也曾形成一片烟雾幕。

英国的伦敦和曼彻斯特，是著名的工业区，曾经烟囱林立，天空常常由于多灰尘而变得灰沉沉一片。据计算，这些城市的人们，在20世纪60年代，每人每年吸入的烟尘，可以足足装满一麻袋！

在1952年12月5日到8日，当时在伦敦，由于煤烟过多，接连4天烟雾弥漫，终日不散。过了10年，在1962年，伦敦又发生了同样的情况。当时在伦敦，由于烟尘过多，浓雾蔽日，在冬天，一般一天能见到太阳的时间只有1个多小时！

德国的鲁尔，也曾因工厂集中、除尘设备差而烟尘飞扬，被人们称为“烟城”。

至于美国的匹兹堡，曾由于空气中的烟尘过多，以致办公室不得不经常紧闭门窗，常有汽车白天要开灯才能行驶的情况。

在日本的东京，同样曾经烟雾弥漫。日本的富士山，向来是风景胜地，山顶白雪皑皑，十分耀目。工厂排出的烟尘过多，一度致使富士山也被蒙上一层棕色。1968年，东京全年只有13天能见到富士山！

空气中烟尘过多，危害人民健康，已成为世界公害之一。

不仅如此，很多疾病，尤其是呼吸道传染病的病菌，大都是靠着灰尘在空气中传播的。在一些公共场所，空气中的灰尘多，病菌也多。据测定，在这些地方，每1立方米的空气中，约有400万个细菌；在林荫道上，每1立方米的空气中，约有58万个细菌；在公园里，同体积的空气中只有1000个细菌；在林区，则不到55个。林区与公共场所中空气的含菌率，相差竟如此巨大！

灰尘还能引起爆炸！1785 年，意大利的一个面粉厂发生了猛烈的爆炸。事后弄清了原因，引起爆炸的就是灰尘——极细的面粉！

谁都知道，木片比木块要容易燃烧得多。从化学角度来看，燃烧过程，就是一场燃料和氧气化合的过程。燃料越细小，表面面积越大，和氧气接触的机会越多，越容易燃烧。正因为这样，木片比柴棍容易燃烧，木屑比木片更容易燃烧。据计算，一块 1 立方米的木头，表面面积只有 6 平方米，如果把它粉碎成直径只有 1 纳米的细屑，那么，这些细屑的表面积就达 6000 平方米！

这样，就不难明白：当空气中飞扬着的极细的面粉达到一定浓度时，一遇见火星，面粉便会燃烧，这燃烧极为迅猛，放出大量的热，使空气温度急剧上升，体积猛烈膨胀，其后果当然也就很清楚了——爆炸！

不光是极细的面粉在空气中飞扬会造成爆炸。同样，极细的煤粉、糖粉、硫黄粉、淀粉都是危险物品，人们都必须小心提防它们。

消除灰尘

“要扫地，先洒水”，这是最普通的消除灰尘的办法。我国人民在古代就知道“黎明即起，洒扫庭除”，用洒水的办法防止灰尘飞扬。现在，在各大城市，都用专用的喷水汽车，不时地往路面上洒水。

工厂的烟囱向空气中排出大量的烟尘。要征服灰尘，治理烟囱是关键之一。

过去，常常用“高高的烟囱，滚滚的黑烟”来形容工厂的宏伟，画家也常常用遮天的黑烟来描绘工厂的壮观。然而，现在许多工厂的烟囱却再也不冒黑烟，而冒出淡淡的白烟。这黑烟变白烟的关键，是在烟道中安装了防尘设备。当锅炉的炉灶里排出的大量黑烟经过除尘室时，烟气的速度变慢，一些较大的灰尘首先沉下来。除尘室里有一道挡板，烟气撞到挡板上，又折了回来，在除尘室的死角里产生旋涡，一部分灰尘又降下来。这么一来，黑烟被除去大部分灰尘，变成了白烟。

在除尘室沉下来的灰尘，落到出灰坑。坑里有水，使灰尘不再重新飞扬。出灰机把烟灰不断扒出。这些烟灰可以用来制造煤渣砖，还可以从中提炼出宝贵的稀有金属锗。锗是重要的半导体原料。这样，化害为利，既清洁空气，又为国家增加财富。

也有的工厂，在烟道里安装了许多喷水器，用水把灰尘带走。有的在烟道里安上高压电流装置，使灰尘微粒带电，相聚而沉降，这样几乎能使灰尘百分之百地落下。据统计，一个冶金工厂安上了这样的电气聚尘器，每天能收集到20—30吨灰尘。还有的工厂用超声波除尘，在超声波的作用下，灰尘微粒急剧地相互碰撞，像滚雪球似的，越滚越大，最后由于太大太重而沉降下来。超声波除尘器的除尘效率，也几乎高达百分之百。

不光是排气的烟道里需要安装除尘设备，在纺织厂、手表厂、光学仪器厂、电子元件厂等工厂的进气道里，也要安装除尘设备，以便使室内空气清洁，保证产品质量。在一些大会堂、大剧场的进气道里，也同样安装着除尘器。

然而，最重要的除尘办法是添加绿色。那些绿化的巨人——树林，把自己强大的根深深地扎进土壤，保持水土，使尘土不再随风飞扬。另外，那绿色的树叶，也是一张张捕捉灰尘的网！稍许留心一点，我们就会注意到，在下雨前，树叶常常是暗绿色的，蒙着一层灰尘，而雨后，却是碧绿澄鲜。这是因为树叶表面有许多小孔，能够吸附灰尘，而下雨时，灰尘便被雨水冲洗下来。正因为树木能够除尘，所以在天文台的周围常常种植着防护林带，以便使空气更加清洁，有利于清晰地观察远方的星球。

7 制服空气污染

严重的公害

除了从工厂烟囱排出的大量烟尘会严重污染空气外，工业生产过程中，还常产生许多有毒的气体，同样严重地污染空气。

比如，在染料厂生产硫化染料时，常常产生极臭的硫化氢气体，在硫酸厂、硝酸厂，常常逸出极臭的硫化氢气体、氮气体；在氮肥厂，可以闻到氨的臭味；在电解食盐的化工厂，有时会漏出带有刺激性的气体氯气……

大气污染造成了极为严重的公害。

据报道，在 20 世纪 60 年代，美国每年排入空气的废气、烟灰、粉尘达 2.13 亿多吨，也就是每个美国人每年要受到 1 吨多废气、烟灰、粉尘的危害！其中，有 4700 多万吨是从工厂中排出的有毒物质。

工业废气中，有许多是有毒的，会损害人体健康。例如，氯气就是第一次世界大战中使用最多的一种化学毒气，这种黄绿色的气体会强烈刺激人的呼吸器官，使人窒息。通常，在每立方米的空气中，氯气的含量如果超过 0.03 毫克，就会严重危害人的安全。一氧化碳的含量，如果在每立方米空气中超过 2 毫克，也会严重危害人体健康。每立方米空气中，二氧化硫不得超过 0.15 毫克；氯化氢不能超过 0.015 毫克；氟化氢、硫化氢、二硫化碳等，则不能超过 0.01 毫克。至于剧毒的氰化氢气体，则在 1 立方米的空气中不能超过 0.0003 毫克。

在美国的一个工业区，曾经发生过从工厂里排出的有毒废气扩散不开而造成 1.4 万人中毒的严重公害事件。美国历年来因有毒废气污染空气而造成的人中毒、死亡的事件屡见不鲜。据不完全统计，仅芝加哥一地，在 1969 年 11 月，便有 50 人因空气污染而中毒死亡。

随着石油工业的发展，工业上越来越多地采用汽油、煤油、柴油作燃料。这些燃料油虽然在燃烧时一般不会像煤那样产生大量灰尘，但是，由于它们都含有硫，一燃烧就生成有毒的二氧化硫，也同样污染空气。20 世纪五六十年代，在日本的四日市，工厂密集，又不采取防治措施，以致二氧化硫在空气中的浓度超过允许浓度的 5 倍。1970 年，500 多名工人因二氧化硫中毒而引

发哮喘，轻度中毒者则有两三千人之多，被称为“四日市气喘病”。

另外，不仅工厂废气严重污染空气，从汽车中排出的大量废气也严重污染空气。汽车废气中，含有有毒的一氧化碳、二氧化硫、二氧化氮和一些碳氢化合物，形成所谓“光化学烟雾”，使人眼睛受刺激，泪流不止，头晕目眩，甚至手足抽搐。

光化学烟雾的形成，主要是由于汽车废气中的二氧化氮受阳光紫外线照射后放出氧原子，变成一氧化氮。另外，游离的氧原子又和空气中的氧气分子相化合，变成臭氧分子。不论是氧原子还是臭氧分子，都能使汽车废气中的一些碳氢化合物氧化，变成乙醛。乙醛本是一种无色液体，但它很易挥发，沸点只有 20.8℃，它的蒸气具有刺鼻气味，能强烈刺激人眼，造成流泪、红肿。另外，一氧化氮、二氧化氮和碳氢化合物经过许多复杂的化学反应而产生氧化剂，也能使人眼红和喉痛。因为这是在日光中紫外线照射下发生的光化学反应，所以叫“光化学烟雾”。

在美国洛杉矶，光化学烟雾曾使 400 多人死亡，许多人得了红眼病。

日本也曾遭受光化学烟雾污染。1970 年，在东京的街道上，弥漫着汽车废气造成的光化学烟雾，使人眼睛疼痛不已，甚至有学生中毒昏倒。

空气污染严重影响人们身体健康。据美国卫生部门分析，美国许多疾病的发病率增加，都与空气污染有关。例如，在 20 世纪 60 年代，肺气肿患者急剧增加，发病率增长了 9 倍，美国城市死于这种病的居民比农村多 1 倍。

空气污染，也同样严重危害庄稼的生长，造成农业歉收。美国就曾因空气污染而出现树木枯死、水果变质、蔬菜减产、牧场被毁、牲畜死亡等后果。在 20 世纪 60 年代，仅加利福尼亚一州，农业每年就损失 1.25 亿美元；以盛产兰花著称、被誉为“花园之州”的新泽西州，也因空气污染，兰花产量锐减，就连普通的菠菜也难以生长。

严重的大气污染，引起了世界各国的关注。一些工业发达的资本主义国家，大气污染在20世纪60年代达到了高潮。自20世纪70年代以来，各国都开始普遍重视环境保护工作，使大气污染的状况有了明显的改变。

事实说明，环境污染并不是工业发达的必然产物。只要重视环境保护工作，污染是可以被制服的。

与空气污染作斗争

与空气污染作斗争的重要措施之一，就是逐步改变旧的不合理的工业布局。一些办在市区的产生有毒气体的工厂，必须迁出居民点。新建的工厂，凡容易造成空气污染的，一般都建在居民点之外。这样全面规划，合理布局，就减轻了空气污染对人们的危害。

当然，光是迁移工厂，还不能够完全解决空气污染问题。还必须进一步对有毒气体采取净化措施，不让它跑到空气中去。在容易造成空气污染的工厂安装各种净化设备，使废气经过净化后排出，不致为害。

大家都知道，体温表里装着水银。在常温下，水银是银色的液体，但它很容易蒸发。汞蒸气有剧毒，在每一升空气中的最高含汞量不允许超过0.00001毫克。吸入较多的汞蒸气，会使人慢性中毒，齿龈松弛，牙齿脱落，以致引起神经系统和消化管道的病症。在生产体温表的过程中，就会有汞蒸气污染空气。上海就有一家生产体温表的工厂，本来在上海市区，为了保护人们的健康，迁到了郊区，新建了厂房，安装了通风设备，并在排气管中安装了净化设备。这个净化设备里有一层层活性炭，活性炭中预先吸附了氯气和碘蒸气。当废气通过活性炭层时，汞蒸气就和氯或碘生成氯化汞、碘化汞，被吸附在活性炭上，这样汞便不会跑到空气中造成污染了。

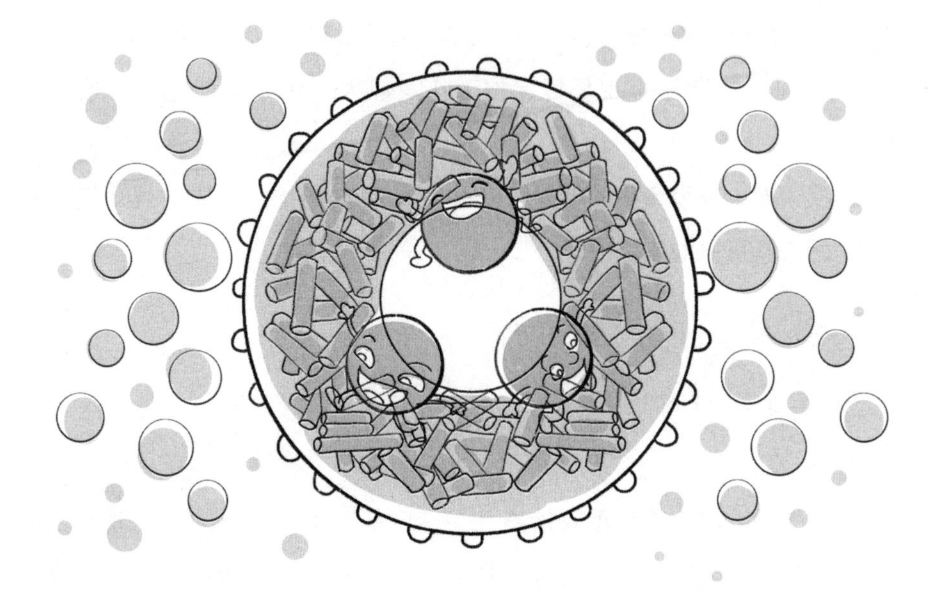

除了合理布局、净化废气等措施外，最有效的防止空气污染的办法，还是改变生产工艺。

就拿电镀工业来说，过去，总是用氰化钾、氰化钠作络合剂。氰化钾是剧毒物品，不仅电镀废液流入江河，会造成严重污染，而且在电镀过程中产生的氰化氢气体，也会严重污染空气。氰化氢是剧毒气体。现在我国已经革掉了电镀必用氰化氢的旧工艺，结束了近百年用氰化物电镀的历史，创造和推广了先进的“无氰电镀”新工艺，用其他无毒化合物代替了剧毒的氰化物。

我国还把改革旧工艺同综合利用、化害为利结合起来。一些电化厂或磷肥厂，在生产过程中，常产生有毒的氟化氢气体。氟化氢会强烈腐蚀玻璃。过去，一走进这些车间，便可以看到不论是玻璃还是电灯泡，都像磨砂玻璃一样不透明，这就是玻璃被氟化氢腐蚀了的缘故。氟化氢对人体也很有害，会强烈刺激黏膜，破坏牙齿，诱发喉肿病。如今，经过工艺改革，既防止了空气污染，又为国家增加了工业原料。又如，许多造纸厂利用为害严重的纸浆废液生产了大量胡敏酸铵等肥料，很受农民欢迎。

针对工厂排出的某一种废气，在周围种上相应的树或蔬菜，也可以减轻污染。例如，白杨树、槭树和桂香柳可以吸收苯蒸气。柑树、橘树能吸收二氧化碳，每1000千克柑橘树叶可吸收7.7千克二氧化碳。芹菜和黄瓜，能很好地吸收二氧化硫，而西红柿和扁豆则能很好地吸收游离的氟气。

也有的生物恰恰相反，对某些有毒气体格外敏感，因此常被人们用来作“生物报警”。例如，芙蓉鸟对一些毒气很敏感。如果化工厂的车间，挂个鸟笼，偶尔有少量有毒气体泄漏出来，人还没有感觉出来，芙蓉鸟就烦躁地跳上跳下，叫个不停，向工人“报警”。也有的植物很敏感，可作“指示植物”。例如苔藓对二氧化硫很敏感，空气中夹杂少量的二氧化硫，苔藓就黄枯了。烟草则对汽车排出的有毒废气格外敏感。

用生物防治和预报空气污染的方法，十分简便易行，是人们与空气污染作斗争的综合措施之一。